潮沟边壁坍塌机理及其地貌效应研究

赵 堃 龚 政 著

海洋出版社

2023年·北京

图书在版编目（CIP）数据

潮沟边壁坍塌机理及其地貌效应研究 / 赵堃，龚政著. — 北京：海洋出版社，2023. 11
ISBN 978-7-5210-1190-6

Ⅰ. ①潮… Ⅱ. ①赵… ②龚… Ⅲ. ①冲沟-坍塌-研究 ②冲沟-地貌-研究 Ⅳ. ①P931. 1

中国国家版本馆 CIP 数据核字（2023）第 223310 号

潮沟边壁坍塌机理及其地貌效应研究

CHAOGOU BIANBI TANTA JILI JI QI DIMIAO XIAOYING YANJIU

责任编辑：高朝君
责任印制：安 淼

海洋出版社 出版发行
http://www. oceanpress. com. cn
北京市海淀区大慧寺路 8 号 邮编：100081
涿州市般润文化传播有限公司印刷 新华书店经销
2023 年 11 月第 1 版 2023 年 12 月北京第 1 次印刷
开本：787mm×1092mm 1/16 印张：10. 25
字数：192 千字 定价：98. 00 元
发行部：010-62100090 总编室：010-62100034

前　言

海岸带是海陆相互作用最前沿的地带，也是全球变化研究的热点区域之一。潮滩是海岸带的重要地貌单元，广泛分布在开敞式、港湾型和河口湾型海岸，具有宽广性、坡度缓、底质颗粒细等特征。凭借丰富的自然资源和优越的地理位置，潮滩在围垦造地、生态环境、水产养殖以及旅游度假等方面具有重要的环境意义和经济价值。在国内，2009 年 6 月国务院通过了《江苏沿海地区发展规划》，将江苏沿海地区发展上升为国家战略，把促进海域滩涂资源合理开发利用作为发展重点。自 20 世纪 80 年代中后期开始，海岸带陆海相互作用研究计划（LOICZ）成为国际科学界实施的国际地圈-生物圈计划（IGBP）和全球环境变化的人文因素计划（IHDP）的核心议题。

作为潮滩上海陆相互作用最活跃的微地貌单元，潮沟是潮水、泥沙以及营养物质输入与输出潮滩的重要通道，对潮滩的地貌形态塑造和生态系统稳定具有重要意义。此外，潮沟的发育、摆动对已匡围海堤的安全构成严重威胁，引发一系列海堤抢险工程，造成巨大的经济损失。由于复杂的外部环境，潮滩-潮沟系统受多因子相互作用的影响，如水动力过程（波浪、潮流等）、泥沙动力过程（泥沙分选、沉积滞后等）、土力学过程（边壁坍塌、固结排水等）、生物过程（盐沼植物、生物膜、底栖生物等）、地下过程（渗流、蒸腾等）以及人类活动（潮滩围垦等）。这些过程通过非线性叠加作用于潮滩-潮沟系统，共同驱动着潮滩-潮沟系统的发育和演变。其中，边壁侵蚀后退过程是对地貌改变最显著的一环，对于潮滩-潮沟系统的稳定具有不可忽视的作用。

边壁侵蚀后退对于河口和海岸环境至关重要，会广泛影响生态和社会经济问题，如围垦工程、航道整治以及生态保护。边壁侵蚀后退过程涉及多学科内容，从机理上可分为两类：水流冲刷引起的边壁侵蚀（水力学过程），以及土块自重引起的边壁坍塌（土力学过程）。边壁坍塌是快速、不连续的过程，受多种因素影响，如涨落潮过程（孔隙水压力和静水压力变化）、土体性质（密度、黏土含量）和岸壁高度等。目前，对于潮沟边壁稳定性的研究主要采用水力学方法，关注边壁侵蚀过程，而边壁坍塌却少有涉及，忽视了土力学过程的贡献。因此，揭示潮沟边壁坍塌机理，可以加深对潮滩-潮沟系统稳定性的认识，对于保障海岸工程建设安全以及潮滩的科学开发、利用和保护具有现实意义。此外，对丰富海岸动力学、泥沙运动力学以及土力学，促进多学科交叉研究具有重要的理论和实际意义。

鉴于此，本书聚焦潮沟边壁坍塌过程及其地貌效应，开发了具有自主知识产权的物理实验系统以及数值模拟方法。首先，通过水槽试验研究岸壁高度、近岸水深变化影响下的边壁坍塌过程，获取坍塌时段水沙动力及土体性质的变化特征，分析坍塌影响下的岸壁后退速率；建立边壁坍塌应力-应变模型，从土力学角度剖析边壁坍塌的力学机理，阐明不同岸壁高度下的坍塌破坏机制。其次，构建“水-沙-坍塌-地貌演变”耦合模型，分别探究边壁坍塌对宏观地貌单元的平面及断面演变的影响。最后，平面演变方面，模拟潮汐环境下的边壁侵蚀后退过程，揭示潮沟弯道迁移过程中弯道形态和坍塌位置的固有联系；断面演变方面，复演边壁坍塌作用下的潮滩-潮沟系统三维地貌形态，阐明地貌演变中坍塌泥沙的作用机制。

本书是在赵堃博士论文的基础上整理而成，受到国家重点研发计划项目课题（2022YFC3106204）、国家自然科学基金项目（51925905、52201318）、中国博士后科学基金项目（2021M701050）等资助。本书在撰写过程中得到了新西兰奥克兰大学 Giovanni Coco 教授，河海大学周曾教授和张长宽教授，意大利帕多瓦大学 Stefano Lanzoni 教授，英国南安普顿大学 Stephen E. Darby 教授和 Ian Townend 教授，阿根廷海洋研究所 G. M. E. Perillo 教授，以及华东师范大学徐凡副研究员的帮助与支持，在此一并谨致衷心谢忱！

目　录

第1章 绪 论

1.1 研究背景和意义

海岸带是海陆相互作用最前沿的地带，也是全球变化研究的热点区域之一（张长宽 等，2016）。潮滩是海岸带的重要地貌单元，一般发育在沿海平原外缘，广泛分布在开敞式、港湾型和河口湾型海岸（De Swart et al.，2009；Friedrichs，2011；Fan，2012；Perillo et al.，2018；时钟 等，1996），比如中国东部沿海（Zhang et al.，2016；王颖 等，1990；朱大奎 等，1986）、英国西部及东南海岸（Chen et al.，2012）、荷兰西北海岸（Kleinhans et al.，2009）、美国东海岸（Mariotti et al.，2013）和法国西海岸（Avoine et al.，1981），具有宽广性、坡度缓、底质颗粒细（由淤泥质黏土、粉砂、粉细砂等组成）等特征（吕亭豫 等，2016）。潮滩凭借丰富的自然资源和优越的地理位置，在围垦造地、生态环境、水产养殖以及旅游度假等方面具有重要的环境意义和经济价值（Bird et al.，2017；Zhou et al.，2016a；Coco et al.，2013；张长宽 等，2016）。在国内，2009年6月国务院通过了《江苏沿海地区发展规划》，将江苏沿海地区发展上升为国家战略，把促进海域滩涂资源合理开发利用作为发展重点。自20世纪80年代中后期开始，海岸带陆海相互作用研究计划（LOICZ）成为国际科学界实施的国际地圈-生物圈计划（IGBP）和全球环境变化的人文因素计划（IHDP）的核心议题。

在淤泥质潮滩的潮间带，即平均大潮高潮线至平均大潮低潮线之间的潮滩，由海洋动力，特别是潮汐作用形成的潮沟系统广泛发育并呈现树枝状、矩形状、平行状或羽状等平面形态结构（吕亭豫 等，2016；Ichoku et al.，1994；张忍顺 等，1991）。作为潮滩上海陆相互作用最活跃的微地貌单元，潮沟是潮水、泥沙以及营养物质输入与输出潮滩的重要通道，对潮滩的地貌形态塑造、生态系统稳定具有重要意义（Lanzoni et al.，2015；Fagherazzi et al.，2012；Coco et al.，2013）。由于复杂的外部环境，潮滩-潮沟系统受多因子相互作用的影响，如水动力过程（波浪、潮流等）（Lanzoni et al.，2015；Mariotti et al.，2013）、泥沙动力过程（泥沙分选、沉积滞后等）（Zhou et al.，2015；Zhou et al.，2016b；Zhou et al.，2016a；

张长宽 等，2018）、土力学过程（边壁坍塌、固结排水等）（Gong et al.，2018；Zhao et al.，2019；Zhao et al.，2020）、生物过程（盐沼植物、生物膜、底栖生物等）（Chen et al.，2017a；Bortolus et al.，1999；Thompson et al.，2002）、地下过程（渗流、蒸腾等）（Xin et al.，2011；Cao et al.，2012；Xin et al.，2013）、极端气候事件（风暴潮、台风浪等）（龚政 等，2019）以及人类活动（滩涂围垦等）（Song et al.，2013；陈才俊，1990）。这些过程通过非线性叠加作用于潮滩-潮沟系统，共同驱动潮滩-潮沟系统的发育和演变（黄海军，2004；谢东风 等，2006；谢卫明 等，2017）。同时，潮滩-潮沟系统也反作用于该环境区域的水动力条件、泥沙沉积、营养物与生物群落等。二者的相互作用使潮滩-潮沟系统始终处于较为活跃的状态。相比于潮沟底床（包括泥滩表面），潮沟边壁的泥沙更易冲刷侵蚀（Kleinhans et al.，2009）。在潮沟演变过程中，边壁泥沙或在潮流、波浪作用下起动，或在重力作用下坍塌，进而输移、沉降、固结（Mariotti et al.，2016）。在上述循环过程中，边壁侵蚀后退是对地貌改变最为显著的一环。例如，边壁侵蚀后退产生的土块或被水流侵蚀，成为底床的一部分；或被分离、溶解变为冲泻质；或是沿着岸壁坡脚处堆积（Simon et al.，1991）。一方面，堆积在坡脚的土块会对边壁产生掩护作用，引起横断面的不对称性，可能造成潮沟发育曲流；另一方面，巨量的泥沙溶解为冲泻质，在潮流输运作用下进行泥沙重分布，影响潮滩-潮沟系统的地貌演变。因此，边壁侵蚀后退对于潮滩-潮沟系统的稳定性具有不可忽视的作用。

边壁侵蚀后退涉及多学科内容，从机理上可分为两个阶段：水流冲刷引起的边壁侵蚀（水力学过程），以及土块自重引起的边壁坍塌（土力学过程）（Thorne et al.，1981；Simon et al.，2000）。不同于边壁侵蚀，边壁坍塌是快速、不连续的过程（假冬冬 等，2020；张幸农 等，2014），受多种因素影响，如涨落潮/洪水过程（孔隙水压力和静水压力变化）（Nardi et al.，2012；Francalanci et al.，2013）、土体性质（密度、黏土含量等）（Samadi et al.，2013；Patsinghasanee et al.，2018；夏军强 等，2013）、植被（根部的黏结作用）（Cancienne et al.，2008；Francalanci et al.，2013）、土体含水率（地下渗流与地表蒸腾）（Wilson et al.，2006；Fox et al.，2010）等。边壁的侵蚀后退对于河流、河口和海岸动力至关重要，广泛影响生态和社会经济问题（图 1.1）。边壁侵蚀、坍塌驱动河流和潮沟的断面演变（Thorne et al.，1998；Van der Wegen et al.，2008；Gong et al.，2018）、促进弯道的形成和发展（Ikeda et al.，1981；Marani et al.，2002；Seminara，2006）、影响漫滩平原的建立（Darby et al.，1996；Beechie et al.，2006），以及与沙坝相互作用共同

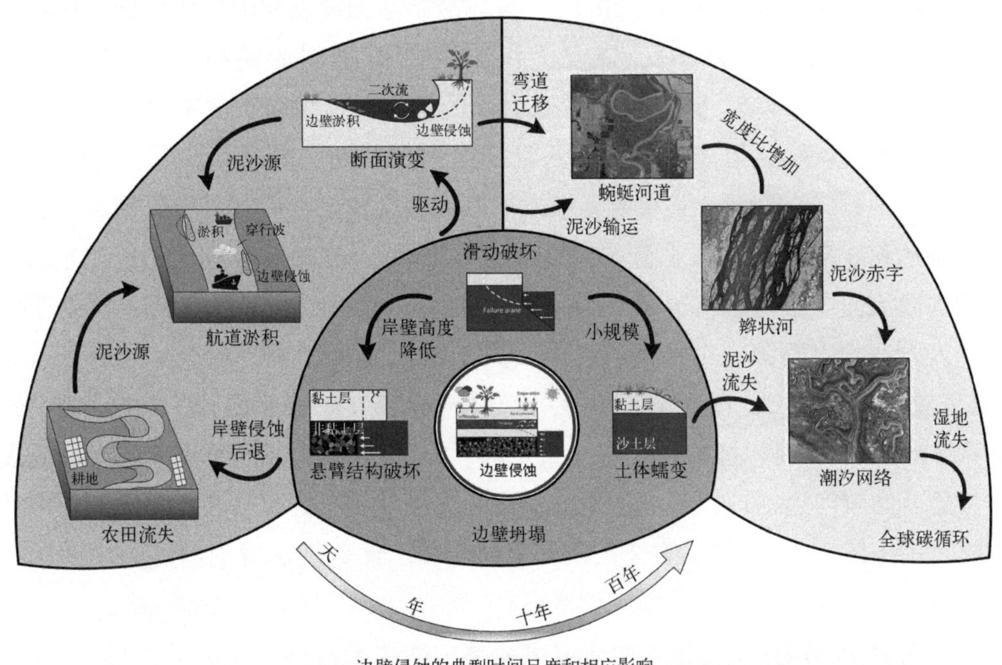

边壁侵蚀的典型时间尺度和相应影响

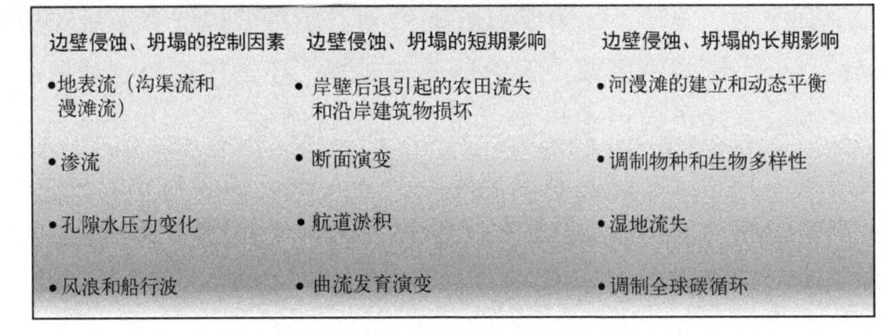

边壁侵蚀、坍塌的控制因素	边壁侵蚀、坍塌的短期影响	边壁侵蚀、坍塌的长期影响
•地表流（沟渠流和漫滩流）	• 岸壁后退引起的农田流失和沿岸建筑物损坏	•河漫滩的建立和动态平衡
•渗流	• 断面演变	•调制物种和生物多样性
•孔隙水压力变化	• 航道淤积	•湿地流失
•风浪和船行波	• 曲流发育演变	•调制全球碳循环

图 1.1　边壁侵蚀、坍塌的短期和长期影响

维持河道的动态平衡（例如蜿蜒河和辫状河）（Blondeaux et al., 1985；Solari et al., 2002；Van Dijk et al., 2012）。此外，坍塌土块被认为是泥沙的主要来源，显著影响河道沉积物动力，比如：新西兰（Griffiths，1979）、欧洲（Poesen et al., 1996）、北美洲（Simon et al., 2000；Simon et al., 2002a）、中国（Yao et al., 2011）和埃及（Abate et al., 2015）等地区的众多报道。从生态学角度来看，边壁侵蚀和坍塌调节了物种和植被单元多样性（Piégay et al., 1997）、提供沉积物以创造栖息地（Florsheim et al., 2008）（例如河漫滩平原和沙坝）、影响养分和污染物输运（Marron, 1992；Reneau et al., 2004）、引起盐沼滩流失进而促进全球碳循环（Deegan et al., 2012；Kirwan et al., 2012）。关于社会经济影响，该过程可能造成农田和湿地流失（Turner，1990；Qin et al., 2018）、引起航道和

水库淤积（Ben Slimane et al., 2016）、破坏沿岸基础设施和水工建筑物（Hooke, 1979; Hackney et al., 2020），以及为污染物的传播创造路径（Castillo et al., 2016）。对于潮汐环境，边壁侵蚀后退引起的潮沟曲流发育、演变对已匡围海堤安全构成严重威胁，可能造成严重的经济损失。例如，2013 年江苏沿海条子泥一期匡围工程施工期间，某次风暴影响下西大港潮沟摆动引起的海堤损毁，直接损失高达600多万元（陈才俊 等, 2015）。又比如，在2015年期间条子泥东堤岸外潮沟曲流向岸摆动距离达到1 800 m，引发了一系列应急抢险工程，耗费了大量的人力、物力资源。对于河流环境，典型案例为长江中下游地区的崩岸过程（张幸农 等, 2007; 夏军强 等, 2013; 卢金友 等, 2017; 张幸农 等, 2021; 高清洋 等, 2016），由于河岸抗冲性较差（余文畴, 2008），水流冲刷力强，崩岸频繁发生，显著影响河道治理以及沿江地区经济社会的快速、健康、可持续发展。中共中央、国务院2019年印发的《长江三角洲区域一体化发展规划纲要》中明确指出，需重点加强长江沿线崩塌河段整治。

目前对于潮沟边壁稳定性的研究主要集中在边壁侵蚀（水力学过程），而边壁坍塌却少有涉及，忽略了土力学过程的影响。潮沟的边壁坍塌是短历时、不连续的过程，且处于潮间带区域，无论是现场观测，还是理论研究都具有极大的挑战。因此，揭示潮沟边壁坍塌机理，可以加深对潮滩-潮沟系统稳定性的认识，对于保障海岸工程建设安全，以及潮滩的科学开发、利用和保护具有现实意义。此外，对丰富海岸动力学、泥沙运动力学以及土力学，促进多学科交叉研究具有重要的理论和实际意义。

1.2 国内外研究现状

1.2.1 边壁侵蚀和坍塌分类

1.2.1.1 水流驱动的边壁侵蚀

地表流侵蚀：地表流侵蚀常见于砂质和粉砂质河岸，因此也被称为“河流侵蚀（fluvial erosion）”（Thorne et al., 1981; Darby et al., 2007）。本研究用一般性术语“地表流侵蚀”，涵括了河流和潮汐环境（Fagherazzi et al., 2004; Gong et al., 2018）。地表流侵蚀是指在沟渠流（near-bank channel flow）或漫滩流（overbank flow）作用下的土壤侵蚀行为，受风化过程影响（Rinaldi et al., 2007）。地表流侵蚀速率与近岸水动力特征和土壤抗侵蚀性能有关，往往用过量剪应力公式评估（Partheniades，1965）：

$$E_l = K_l(\tau_b - \tau_c) \tag{1.1}$$

式中，E_l为岸壁侵蚀速率（m/s）；K_l为地表流侵蚀系数［m^3/（N·s）］；τ_b为近岸水流提供的边界切应力（Pa）；τ_c为边壁侵蚀的临界起动应力（Pa）。以往研究表明τ_c具有高度可变性，其值在0.001~2 Pa范围内浮动［此处仅列出“易侵蚀”和“可侵蚀”范围，以排除底床泥沙的影响，见文献（Hanson et al.，2001；Simon et al.，2002b；Midgley et al.，2012）］。系数K_l的取值可由τ_c导出：

$$K_l = a \cdot \tau_c^{-0.5} \tag{1.2}$$

式中，a为无量纲的回归系数，Hanson等（2001）设置为0.2，Simon等（2002b）设为0.1。据有关文献报道，式（1.2）仅被率定过两次，因此a的取值会有较大的可变性。

渗流侵蚀：渗流侵蚀由渗流夹带泥沙颗粒所致（Dunne，1990）。因其需要出流点/区域来输运泥沙（Wilson et al.，2007），渗流侵蚀通常发生在层化边壁（图1.2c），由土层间的渗水率差异驱动（Fox et al.，2007）。此外，其他术语，如“地下流侵蚀（subsurface flow erosion）”“基蚀（sapping）”“管涌（piping）”以及“内部侵蚀（internal erosion）”，也普遍用于描述渗流侵蚀（Wilson et al.，2013；Fox et al.，2010）。基于实验数据，渗流侵蚀速率可用过量剪应力公式量化（Fox et al.，2007）：

$$q_s^* = K_s(\tau_s^* - \tau_{cs}^*)^a \tag{1.3}$$

式中，q_s^*为渗流引起的泥沙通量；τ_s^*为渗流引起的切应力；τ_{cs}^*为渗流侵蚀的临界起动应力；K_s为渗流侵蚀系数，其中上标“*”表示无量纲变量。因式（1.3）为经验拟合关系，将式中的回归系数列于表1.1，供参考（见第1.2.3节）。

1.2.1.2　重力驱动的边壁坍塌

相较于边壁侵蚀，边壁坍塌可以依据不同标准实行多种分类。例如，Thorne等（1981）定义了悬臂状河岸的三种主要破坏机理，即剪切破坏、张拉破坏和绕轴破坏（图1.2e，f，g）。按崩岸的外观形态和特征区分，张幸农等（2008）将其分为洗崩破坏、条崩破坏和窝崩破坏三种类型。基于破坏面的结构，Simon等（2000）建议将边壁坍塌分为平面破坏和旋转破坏两种类型。Nardi等（2012）和Zhao等（2020）在非黏性土河岸试验观察的基础上拓展了上述分类。然而，由于描述边壁坍塌的术语不统一，仍然存在许多曲解。例如，“梁破坏（beam failure）”和“绕轴破坏（toppling failure）”被用于描述相同的破坏模式（Nardi et al.，2012；Samadi et al.，2013；Bendoni et al.，2014）；“弹射破坏（pop-out failure）”有时也被称为“张拉破坏（tensile failure）”（Fox et al.，2014）。因此，有必要明确本书采用的边壁坍塌分类（图 1.2）。在本研究中，根据破坏模式来区分边壁坍塌类型。

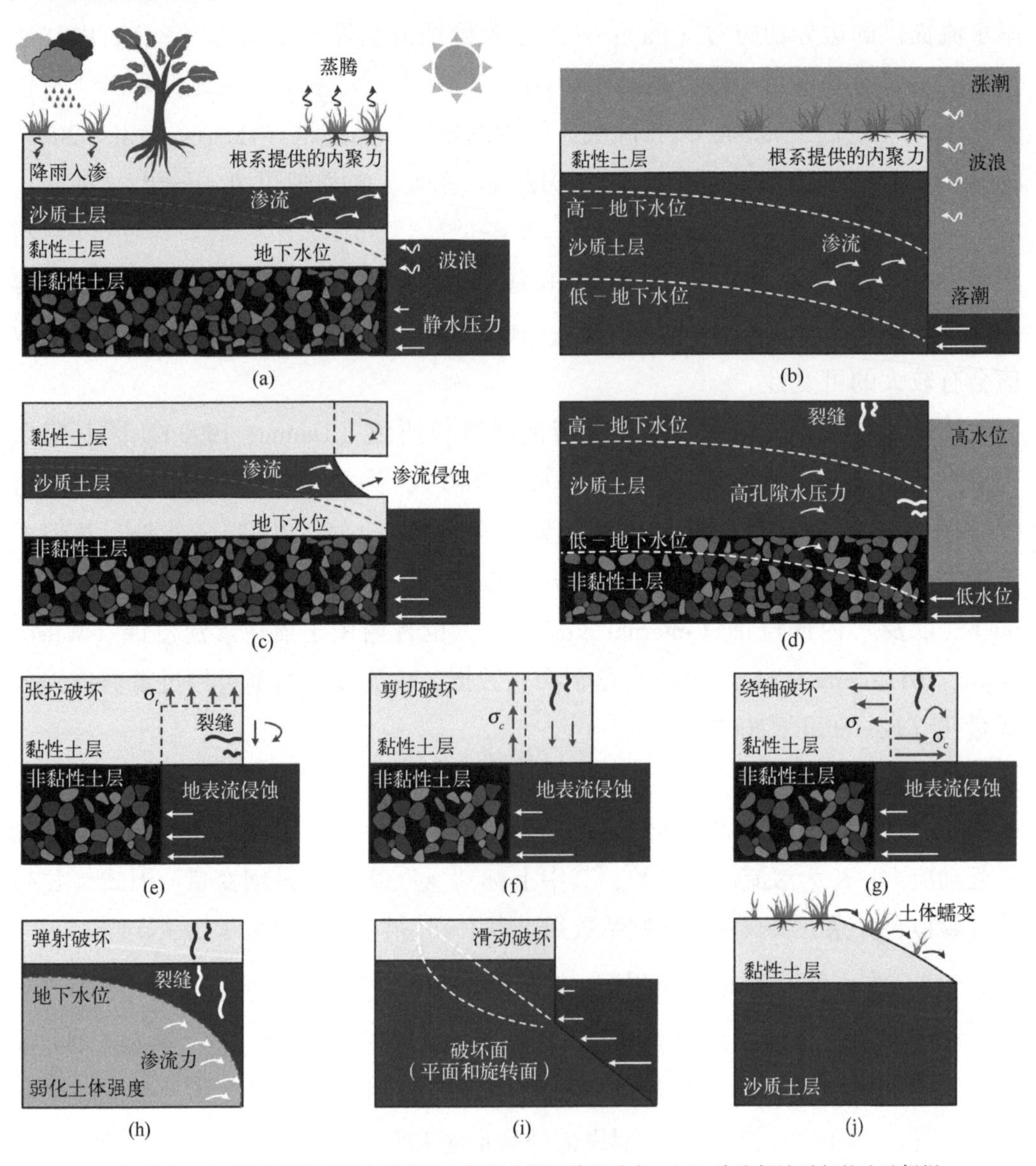

（a）河流和（b）潮汐环境下的边壁侵蚀、坍塌分类及其驱动力；（c）渗流侵蚀引起的边壁坍塌；（d）水位变化引起的边壁坍塌；（e）~（g）地表流引起的悬臂破坏机理；（e）张拉破坏；（f）剪切破坏；（g）绕轴破坏；（h）弹射破坏；（i）滑动破坏；（j）土体蠕变。σ_c和σ_t分别是沿着破坏面的压应力和抗拉强度。

图 1.2　边壁侵蚀、坍塌的主要分类及其驱动力

张拉破坏：当岸壁剖面为悬臂结构时，悬臂下部由自重引起的拉应力超过土体的抗拉强度时，发生张拉破坏（Thorne et al.，1981）。此类破坏的特点是形成

水平或拱形的裂缝（图1.2e），随后裂缝下部土体缓慢滑入水中（Nardi et al., 2012）。由于边壁土体在拉力作用下极易破坏，张拉破坏通常发生在黏性土体或植被覆盖的河岸（Pizzuto, 1984）。在许多研究中，张拉破坏也被称为“底切破坏（undercutting)”（Wilson et al., 2007）。

剪切破坏：当作用于潜在破坏面上的驱动力超过抵抗力时，发生剪切破坏。分析此类破坏通常基于安全系数（Osman et al., 1988）：

$$F_S = F_R / F_D \tag{1.4}$$

式中，F_S为安全系数，若大于1，表示岸壁稳定；F_D为驱动力；F_R为抵抗力，用土体抗剪强度表示（Fredlund et al., 1993）：

$$\tau_f = [c' + (\sigma - u_a)\tan\varphi'] + [(u_a - u_w)\tan\varphi^b] \tag{1.5}$$

式中，τ_f为土体抗剪强度（kPa）；c'为土体有效内聚力（kPa）；σ 为作用于破坏面上的法向应力（kPa）；u_w为孔隙水压力（kPa）；$(\sigma-u_a)$ 为净应力（kPa）；φ'为有效内摩擦角（°）。等式右边第二项为基质吸力，其中u_a为孔隙气压力（kPa），φ^b表示土体强度随基质吸力增加的摩擦角（°）。剪切破坏可进一步分为悬臂剪破坏和滑动破坏。对于悬臂状岸壁（图1.2f），剪切破坏沿垂直或倾斜面发生，从岸壁顶部裂缝自上而下分离悬臂土块。此类破坏常见于内聚力较低的沙质土或含水率高的粉质黏土（例如，洪水时段或高潮位时刻），以及植被覆盖稀疏的区域（Thorne et al., 1981）。

滑动破坏：对于岸壁高度较大的情况，滑动破坏比其他破坏类型更为常见，因为土体承受的剪应力随深度的增加快于土体强度的提升（Terzaghi, 1951）。根据破坏面的形状，滑动破坏可进一步分为平面破坏或旋转破坏（图1.2i）（Simon et al., 2000）。

绕轴破坏：绕轴破坏也称为梁破坏（beam failure）或平板破坏（lab failure），以旋转运动为特征，是河流和潮汐环境中最常见的破坏模式（Allen, 1989；Nardi et al., 2012；Samadi et al., 2013；Francalanci et al., 2013）。当岸壁顶部出现裂缝（图1.2g），且重力力矩克服了土体内聚力和植被根系提供的抵抗力矩时，发生绕轴破坏（Van Eerdt, 1985）。与悬臂状岸壁的剪切破坏不同，绕轴破坏是由过量力矩驱动（图1.2f和图1.2g）。

弹射破坏：弹射破坏也称为张拉破坏，如文献（Fox et al., 2014）所述，其产生是由于渗流力大于土体抵抗力，或孔隙水压力升高引起的土体强度降低（图1.2h）。不同于渗流侵蚀，弹射破坏是岸壁整体破坏，伴随着裂缝的形成（Chu-Agor et al., 2008）。

基质吸力降低导致的侵蚀和破坏：该过程可归因于孔隙水压力的提升和土体自重的增加，引起泥沙颗粒间的松动（Nardi et al.，2012）。与张拉破坏不同，此时土体接近饱和状态。

土体蠕变：土体蠕变是指在重力作用下，土体缓慢变形且向下运输（图1.2j），通常发生在盐沼滩边壁（Mariotti et al.，2019）。虽然其行为与剪切破坏类似，但土体蠕变引起的边壁后退速率要缓慢许多（20～50 mm/a）（Mariotti et al.，2019）。

1.2.1.3 多因子共同作用下的边壁坍塌过程

大量的现场和实验证据表明，边壁的侵蚀和坍塌是由近岸水动力过程、土力学过程、生物过程以及泥沙动力过程等多因子共同驱动，如图1.3所示。

多因子驱动的边壁侵蚀和坍塌过程

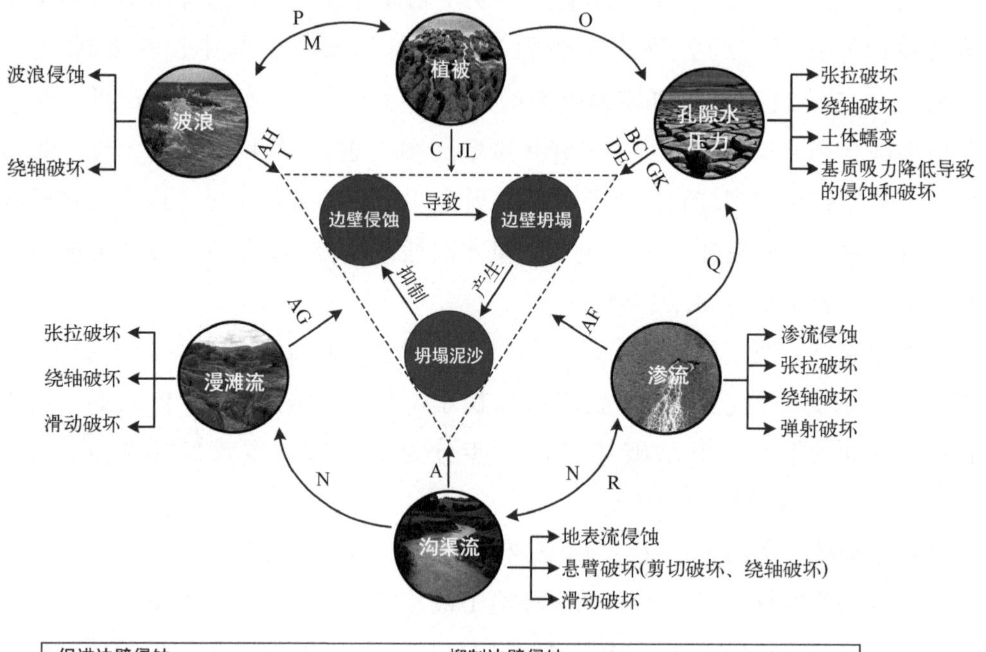

促进边壁侵蚀	抑制边壁侵蚀
A.改变岸壁剖面形态	J.通过植被根系提高土体内聚力
B.降低静水压力	K.增加静水压力
C.增加土体重力	L.拦截降雨
D.通过浮力降低土体强度	**联系**
E.形成过量孔隙水压力	M.破坏土体和植被根系之间的连接
F.引起渗流力	N.移除坍塌土块
G.降低基质吸力	O.提取土体水分
H.提高裂缝内的孔隙水压力	P.降低波浪能量
I.引起土体疲劳	Q.提高孔隙水压力
	R.形成侵蚀空腔

图1.3 多因子共同驱动下的边壁侵蚀、坍塌过程及其破坏机理

土体孔隙水压力的瞬时变化会产生土体性质差异，进而导致坍塌的发生。此现象通常由漫滩流侵蚀（例如洪水或周期性涨落潮）、越浪过程、渗流侵蚀以及溯源侵蚀过程引起。尽管有些研究已经对孔隙水压力的变化进行过定量观测，如文献（Nardi et al., 2012; Midgley et al., 2013），但目前仍然不清楚土体性质的变化如何影响岸壁的稳定性。Samadi 等（2011）通过人为开挖来代替水流冲刷过程，为探究土体性质的影响提供了思路。他们的研究强调了土体性质对破坏模式的重要性，发现张拉破坏的发生与内聚力大小密切相关。关于数值模拟，土体孔隙水压力的作用长期以来一直被忽视，只有很少的研究探索了该因子与其他因素的相互作用（Darby et al., 2007; Deng et al., 2018）。例如，Darby 等（2007）考虑了洪水过程引起的孔隙水压力瞬态变化，发现岸壁变形会改变压力水头、驱动水流入渗，从而影响孔隙水压力的分布。但是，这些研究仅限于河流环境，并未考虑潮汐动力下的其他过程，如往复流、渗流和风浪等。上述过程已被证实会显著影响土体的孔隙水压力分布，如文献（Fox et al., 2006; Cao et al., 2012; Francalanci et al., 2013）。

近些年，植被对岸壁稳定性的作用鲜有关注（Camporeale et al., 2013）。从实验的角度看，虽然进行了有无植被作用下岸壁稳定性的定性比较（Cancienne et al., 2008; Francalanci et al., 2013），但是仍缺少关于破坏机制的定量分析。此外，这些实验往往忽略了植物根系和岸壁尺寸之间的比尺一致性。这可能会引起现场和实验室条件下岸壁破坏模式的差异：实验室中观察到的破坏机制通常为绕轴（Samadi et al., 2013; Patsinghasanee et al., 2017），而剪切破坏是自然界中最常见的破坏类型（Simon et al., 2000; Langendoen et al., 2008）。其原因可能与植被根系延缓裂缝发展有关（Francalanci et al., 2013）：当岸壁顶部出现裂缝，往往会引起绕轴破坏（Samadi et al., 2013; Patsinghasanee et al., 2017）。然而，维持岸壁的形态、材料和植被根系比尺一致性并非易事，因此需要开展更多工作来揭示植被根系对岸壁稳定性的作用，以及探明植被和其他因子的相互作用机理，从而保证实验过程中的比尺一致性。对于数值模拟，植被根系的影响普遍采用参数化的根系内聚力（mechanical effects）来表示，而降雨拦截和土壤水分提取等水文效应，却鲜有涉及（Simon et al., 2002c）。此外，根系内聚力仅限于土体的抗剪强度，而对于抗拉强度的研究却很少。相关研究已经证实，土体的抗拉强度对岸壁的绕轴破坏有着不容忽视的作用（Van Eerdt, 1985; Xia et al., 2014）。在潮汐和波浪的共同作用下，孔隙水压力的周期性变化也与植物生长有关，因此会影响盐沼岸壁的稳定性。Xin 等（2013）开发了地下水和植物生长耦合模型，发现了盐沼植物生长的3个特征区域，由大小潮过程和蒸散作用共同决定。因此，亟须加深对植被覆盖下的岸壁稳定性认识，尤其是绕轴破坏占主导地位且受潮汐和风浪影响的环境，如盐沼滩。

野外观测已监测到地表流、渗流和船行波共同作用下的岸壁侵蚀过程。例如，Rengers 等（2014）观察到多因子共同驱动下的周期性岸壁侵蚀过程：①渗流侵蚀导致形成悬臂状的岸壁剖面结构，发生绕轴破坏；②坍塌泥沙随后被地表流侵蚀。基于野外观测，Duró 等（2019）指出，坍塌泥沙的移除并不一定发生在洪水时段，因为枯季的船行波也可以分解并侵蚀坍塌泥沙。需要进行更多的研究来提高多因子共同驱动下的岸壁侵蚀预测的准确性。其他过程，如土壤化学性质（土壤分散）、生物扰动（生物膜和底栖生物）也可能在岸壁侵蚀过程中发挥重要作用。

综上所述，虽然边壁坍塌过程受多因子驱动影响，但地表流作为主要的驱动力，对边壁坍塌过程起着主导作用，是该问题的主要矛盾。

1.2.1.4 潮汐和河流环境的差异性

图1.2给出了潮汐和河流环境之间的异同点，本节着重回顾河流和潮汐环境的差异性，从而提高对岸壁侵蚀过程的认识。通常来说，潮汐环境下水位变化的特征时间尺度（小时）远小于河流环境（季节）。因此，在潮汐和波浪共同作用下，孔隙水压力的变化曲线截然不同（Xin et al.，2011），导致土体在饱和与非饱和状态之间频繁转换。例如，Xin 等（2011）通过数学模型发现，地下水过程在潮周期内展现出明显的不对称性，并且孔隙水循环的特征时间尺度由海向陆可减少数个量级。他们的工作强调了盐沼滩水文过程的复杂性，表明地下水过程在一定范围的空间尺度下均有着不容忽视的作用。此外，潮沟岸壁在潮周期内会经历两种不同的侵蚀机制：落潮期间受潮沟内水流侵蚀，涨潮初期受漫滩流侵蚀。因此，针对河流动力条件开发的模型，例如 BSTEM，可能并不适合潮汐动力环境。

另一个重要区别在于，潮沟内水流流向会经历周期性变化。一方面，弯道稳定理论表明，弯道向上游或下游迁移，取决于弯道顶点和水流切应力峰值区域之间的相位差（Lanzoni et al.，2006）。因此，岸壁后退速率峰值区域在涨潮和落潮期间是不同的。另一方面，往复流导致的岸壁土体各向异性主要体现在垂直于海岸方向（由于泥沙分选），而非沿着岸壁剖面方向，例如河流环境下的二元河岸（夏军强 等，2013；邓珊珊 等，2020）。风浪和盐度动力等通过孔隙水压力分布

(Francalanci et al., 2013) 或土壤分散过程同样会影响岸壁的稳定性。因此，需要开展更多研究来阐明上述过程作用下的岸壁侵蚀，从而揭示河流和潮汐环境之间的内在差异。

1.2.2 边壁坍塌物理模型试验

边壁坍塌可由地表流（沟渠流和漫滩流）、渗流、风浪和船行波、水位变化、降雨，以及蒸发和入渗过程触发。其他因素譬如植被根系提供的黏结作用和静水压力则有利于岸壁稳定，从而影响边壁的坍塌类型。基于物理模型试验研究，本节回顾地表流、渗流、土壤孔隙水压力变化以及波浪作用下的边壁坍塌机制，同时讨论植被、生物扰动和静水压力等因素的影响。

1.2.2.1 地表流

沟渠流：沟渠流作用下的破坏机制可归因于边壁土壤颗粒的冲刷，引起岸壁坡脚侵蚀，进而形成悬臂状的岸壁剖面结构（Thorne et al., 1981）。Samadi 等（2011）采用人为掏空代替水流侵蚀，分别使用粉砂和沙质黏土进行边壁稳定性实验。观察到的破坏过程可总结为：①岸壁下部的张拉破坏；②边壁顶部出现裂缝；③发生绕轴破坏并形成垂直破坏面（图 1.4a）。此外，Samadi 等（2011）发现悬臂结构河岸的主导破坏模式是绕轴，而非 Rinaldi 等（2008）报道的剪切。

为克服人为掏空实验的弊端，例如无法考虑孔隙水压力的变化，近些年许多学者开展了恒定流条件下的降比尺坍塌实验。Patsinghasanee 等（2018）使用不同黏土含量的沙质土进行相似水动力条件下的边壁坍塌试验研究，如图 1.4b 所示。实验观察到的边壁破坏过程与 Samadi 等（2011）报道的类似，且岸壁顶部的裂缝只有当悬臂接近破坏时才会出现。他们还得出结论：黏土含量的增加对岸壁的破坏模式没有影响，但是可以大幅缩短坍塌所需的时间。与此同时，其他研究相继开展，探究了诸如溃坝水流（Cantelli et al., 2004; Zech et al., 2008）、近岸底床演变（Yu et al., 2015）、岸壁高度（Patsinghasanee et al., 2017）、河床坡度（Qin et al., 2018）以及近岸紊流（Roy et al., 2019）等因素对边壁稳定性的影响。虽然降比尺模型可获取坍塌模式的有用信息（Wood, 2014），但对其结果的分析仍存在许多不确定性，最终妨碍结果的定量阐述。例如，Samadi 等（2011）观察到的边壁前表面张拉破坏（图 1.4a），在降比尺实验中并未出现。此外，很少有研究尝试捕捉边壁坍塌过程中的土体参数变化，例如土体应力和孔隙水压力等。

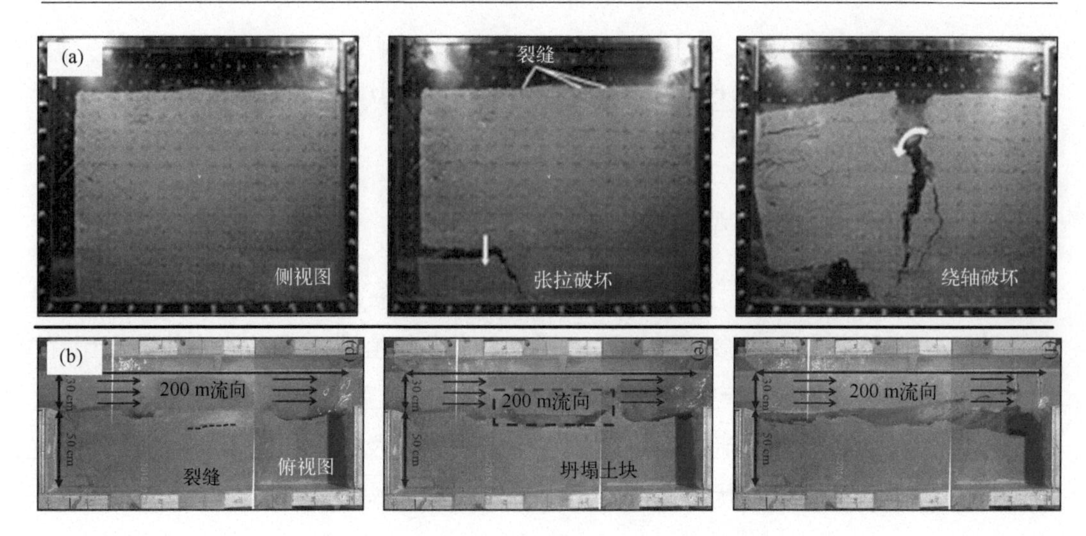

(a) 人为掏空；(b) 沟渠流引起的边壁坍塌。

图 1.4 沟渠流作用下的边壁坍塌过程

改自文献（Samadi et al., 2011；Patsinghasanee et al., 2018）

漫滩流：漫滩流是指发生在岸壁顶部的水流运动，通常发生在沟壑（gully）和潮汐环境，引起溯源侵蚀过程。沟壑溯源侵蚀常见于干热河谷，当汇聚的漫滩流侵蚀层化沟壑底床时触发（Chen et al., 2013；Rengers et al., 2014）。当流经悬臂土块时，漫滩流或沿侧壁侵蚀剖面土体（沿壁径流），或直接落入沟渠形成跌水潭（壁外径流），如图 1.5a 所示。随着底部土层侵蚀，悬臂逐渐发展，最终引发各种类型的破坏，如张拉、滑动和绕轴（Chen et al., 2015）。以往的实验研究多着重于溯源侵蚀的发展和侵蚀速率，探究诸如底床坡度（Bennett, 1999）、流量（Bennett et al., 2000）和土体性质（Wells et al., 2009）等因素的影响。然而，这些研究大多聚焦跌水潭的形成机制，往往忽略了边壁的冲刷稳定。为了探究漫滩流作用下的边壁稳定性，Stein 等（2002）设计了层化沟壑底床，其中易侵蚀土层被硬土层覆盖。对于这种结构，边壁坍塌由下游的跌水潭侵蚀引起。随后，许多学者开展了一系列实验研究，分别探究沿壁径流和壁外径流引起的破坏过程。Chen 等（2013）发现悬臂层的坍塌主要由下部冲刷主导，顶部裂缝的出现可显著加快坍塌过程。相比于壁外径流，沿壁径流对下部冲刷坑的形成起着更为重要的作用，并且溯源侵蚀过程取决于径流持续时间而非强度。这表明土体强度的变化是边壁破坏的主要原因，因为土体内聚力会随着土壤含水率的增加而急剧下降（Rajaram et al., 1999）。Rengers 等（2015）进一步指出，在沿壁径流作用下，土体的高含水率而非水流冲刷，是造成边壁坍塌的主要原因。其他因素，如山洪、融雪、干旱延长以及土体干湿循环等也与溯源侵蚀过程有关（Rengers et al., 2014; Dong et al., 2019b)。例如，Dong 等（2019b）进行了 11 组不同流量下的原位冲刷实验，结果表明径流强度的变化对坍塌频率影响较小，而土体干湿循环对坍塌的贡献高达 64%。

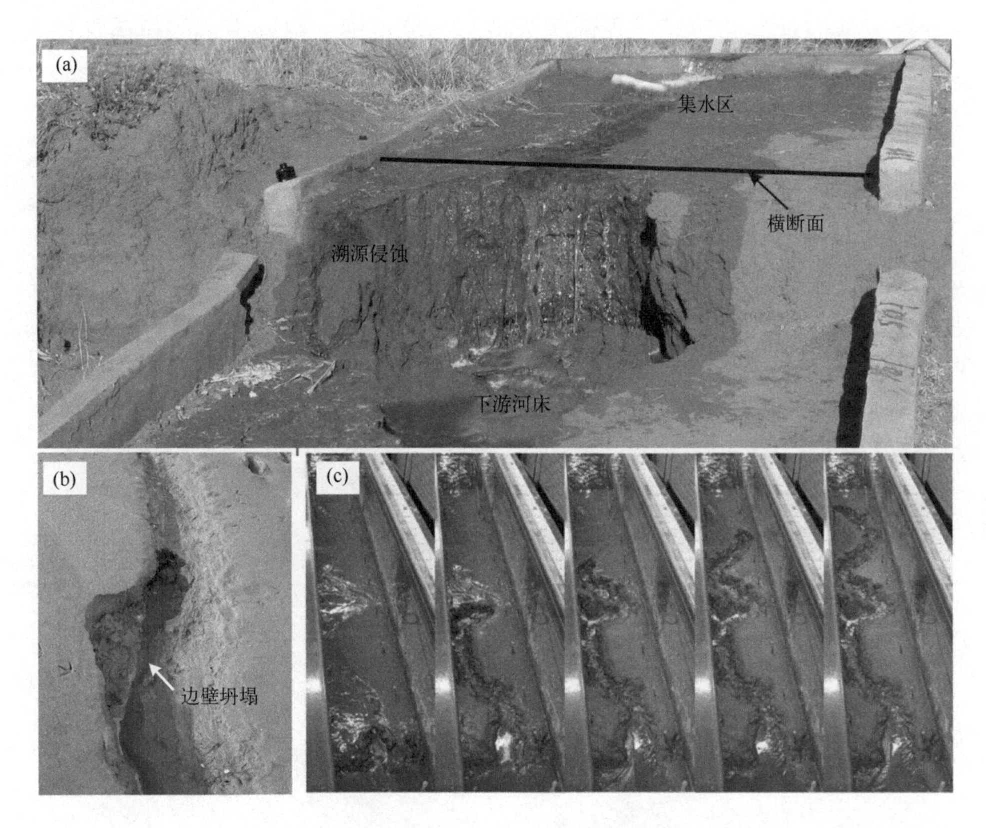

（a）沟壑溯源侵蚀；（b）（c）潮沟溯源侵蚀。

图 1.5　漫滩流作用下的边壁坍塌过程

改自文献（Dong et al., 2019b; Kleinhans et al., 2009）

类似于沟壑溯源侵蚀，另一种快速、小尺度的潮沟溯源侵蚀过程普遍发生在各类滩涂。Symonds 等（2007）观察到潮沟的年均溯源侵蚀速率可达 400 m。基于实验和现场观测，Kleinhans 等（2009）发现潮沟的溯源侵蚀过程不仅受底床侵蚀的影响，还与边壁频繁的坍塌过程有关（图 1.5b 和图 1.5c）。他们还指出，边壁坍塌主要与波浪、降雨或过量孔隙水压力引起的土体强度降低有关。

1.2.2.2　渗流

渗流引起的边壁坍塌可直接归因于渗流侵蚀和随后的张拉破坏（直接影响），或间接归因于渗流导致的土体性质变化（间接影响）（Fox et al., 2010）。由于间接影响主要与土壤的孔隙水压力有关，将在第 1.2.2.3 节做相应回顾。为模拟渗流侵蚀引起的边壁坍塌，Wilson 等（2007）和 Fox 等（2006）用 3 种不同土层重建河岸剖面。他们发现增加岸壁高度和压力水头会导致更频繁的边壁侵蚀过程（即岸壁稳定性降低），并会改变边壁的坍塌类型。对于承受较大压力水头的高岸壁，他们观察到破坏过程依次为坡脚渗流侵蚀、边壁中部张拉破坏以及整体绕轴破坏，如图 1.6 所示。

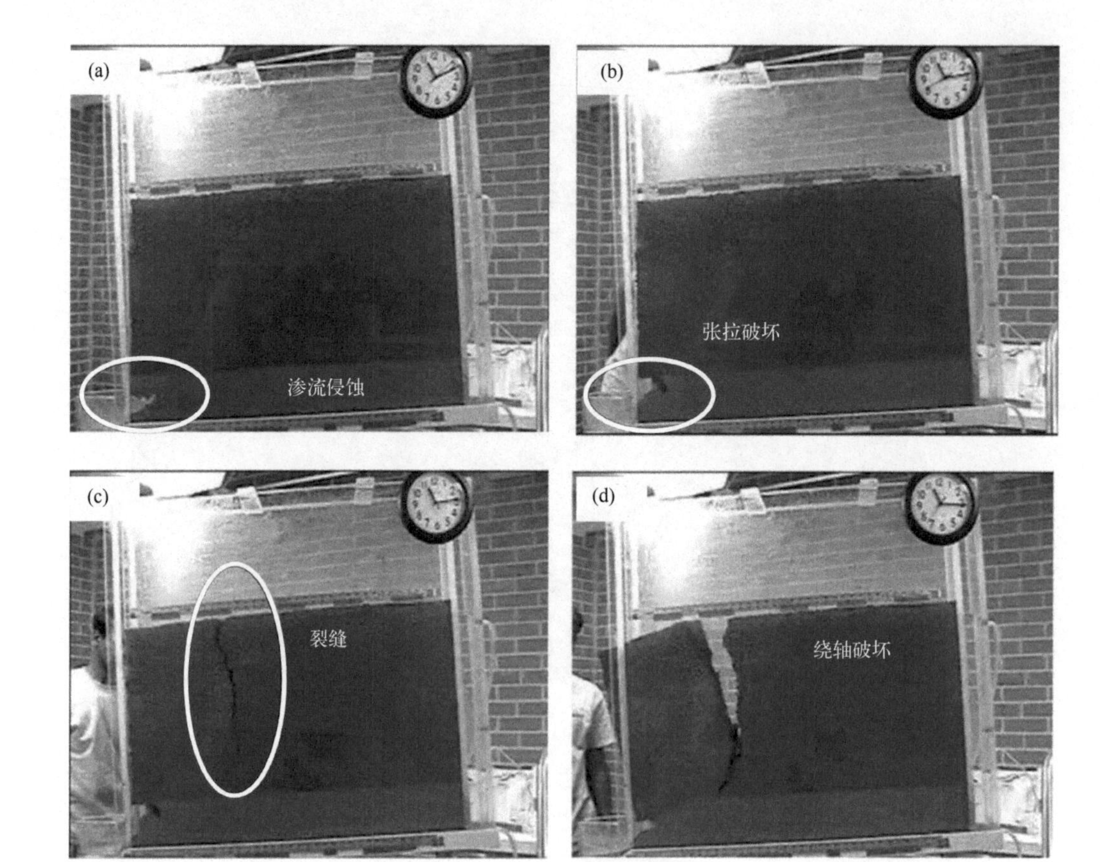

（a）渗流侵蚀；（b）岸壁下部张拉破坏；（c）顶部出现裂缝；（d）绕轴破坏。

图 1.6　渗流作用下的边壁坍塌过程

改自文献（Fox et al.，2006）

对于压力水头较小的低岸壁，没有观察到张拉破坏，并且边壁坍塌有时被渗流侵蚀取代。随后，一系列工作相继展开，探究了岸壁坡度（Fox et al.，2007）、土体密度（Chu-Agor et al.，2008；Fox et al.，2014）、岸壁层化（Lindow et al.，2009）、植被根系（Cancienne et al.，2008；Akay et al.，2018）和土壤化学性质（Masoodi et al.，2017；Masoodi et al.，2019）等因素对渗流破坏的影响。Cancienne 等（2008）发现在相同水力学条件下，植被根系可显著改变渗流侵蚀和坍塌过程。当引入植被后，先前的局部侵蚀被沿岸壁剖面的整体侵蚀取代。为评估和预测渗流作用下的两种不同破坏模式（绕轴破坏和弹射破坏），Fox 等（2014）基于内聚力和驱动力的比值，提出无量纲的判别参数。该参数可以准确地预测破坏模式，适用于稳定渗流条件下的溪流或山谷区域。根据现场观察，Masoodi 等（2019）发现土壤分散（soil dispersion）与渗流引起的孔洞体积间具有很强的相关性（$R^2=0.81$），为理解和预测河岸侵蚀提供了新的视角。同时，许多研究致力于推导泥沙输运经验关系，将渗流侵蚀速率与影响因素相关联（Fox et al., 2006; Chu-Agor et al., 2008; Chu-Agor et al., 2009; Karmaker et al., 2013; Fox et al., 2014; Fox et al., 2007; Wilson et al., 2007）。例如，基于 71 组渗流实验，Karmaker 等（2013）提出，渗流梯度和垂向层化对岸壁稳定性起决定性作用。以上经验关系将在第 1.2.3 节做详细回顾。

1.2.2.3 孔隙水压力变化

土体性质沿岸壁剖面自上而下呈现出显著差异：水面以上为非饱和状态（不适用于潮汐环境中，尤其是落潮初期），而在水面下为饱和状态。对于非饱和土，提升孔隙水压力意味着基质吸力的减弱，从而降低土体强度［见式（1.5）］。对于饱和土，由于基质吸力为 0，土体的抗剪强度取决于有效法向应力。因此，水位变化引起的饱和土与非饱和土转换可能导致边壁坍塌。例如，Nardi 等（2012）研究了水位变化造成的砾石岸壁坍塌过程，如图 1.7a 所示。不同于黏性土河岸，其破坏通常发生在水位下降时期，Nardi 等（2012）发现水位上升时段的表观内聚力（如基质吸力）降低是引起砾石河岸失稳的主要原因，证明了砾石河岸和黏性土河岸破坏机制的内在差异。针对细颗粒非黏性土岸壁，由于其较高的表观内聚力和抗拉强度，Arai 等（2018）观察到更多的悬臂结构和绕轴破坏，如图 1.7b 所示。他们还指出，Nardi 等（2012）报道的砾石流（dry granular flow）并未发生，体现了土体粒径对边壁坍塌模式的影响。

对于水位下降，Francalanci 等（2013）观察到落潮时期黏性土边壁中部的张拉破坏，可能由静水压力降低以及形成过量孔隙水压力引起。Chen 等（2017b）和 Khatun 等（2019）指出，水位的快速下降是造成沙质河岸失稳的主要原因（图 1.7c）。然而，水位下降的影响是双重的（Simon et al., 2000）。一方面，水位下降意味着静水压力的降低，该作用力在高水位期间可增强边壁的稳定性。基于应力-应变分析，Gong 等（2018）发现边壁侵蚀后退速率与水位变化率有关，且潮沟最大宽度位于静水压力降幅最大处。另一方面，高水位时期残留的过量孔隙水压力会导致土体抗剪强度的降低。例如，Deng 等（2018）证明地下水位和河道水位的相位差会产生过量孔隙水压力，引起边壁坍塌。以上因素都影响岸壁的稳定性，且与断面形态、层化以及土体性质（如密度和渗水率）有关（Pollen-Bankhead et al.，2010）。

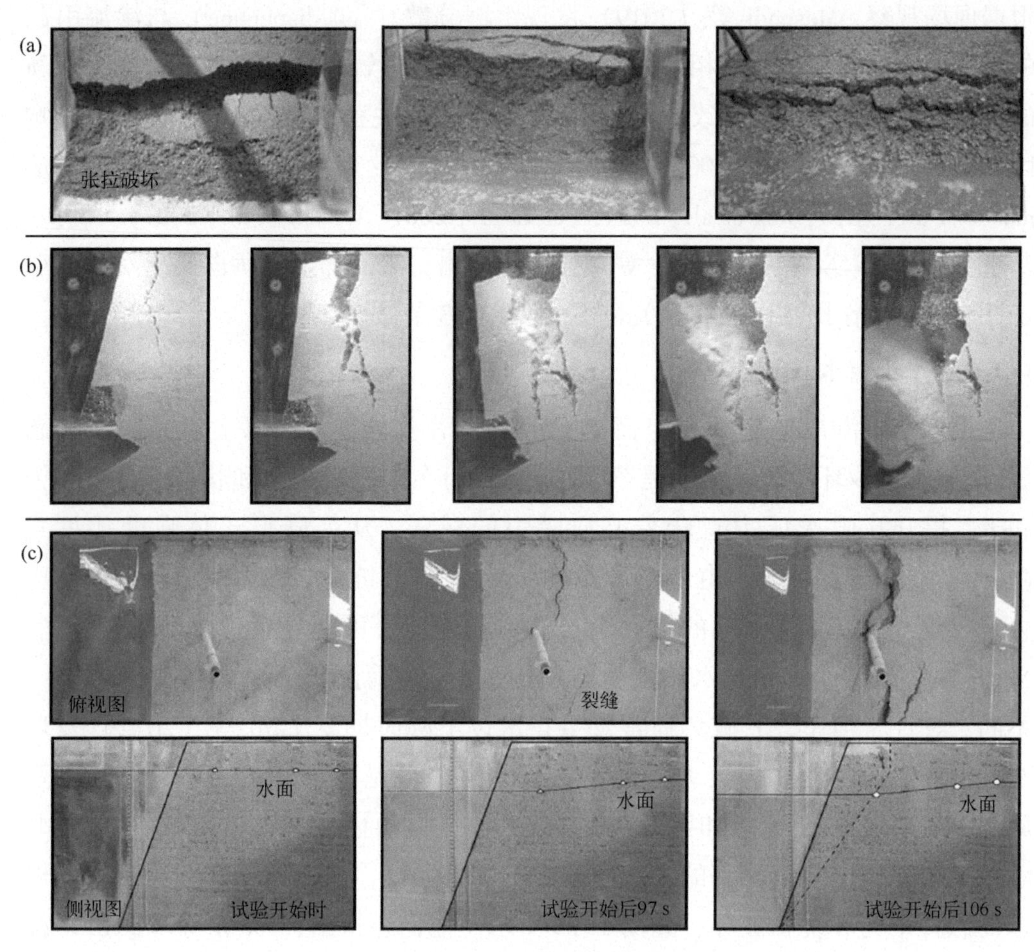

（a）（b）水位升高和（c）降低作用下的边壁坍塌过程。

图 1.7　水位变化引起的边壁坍塌过程

改自文献（Nardi et al.，2012；Arai et al.，2018；Chen et al.，2017b）

蒸散和入渗（由植被根系、渗流和降雨引起）等其他因素也会引起土壤孔隙水压力的变化，影响岸壁的稳定性。植被通过提取土壤水分进行蒸发，或截留入渗降雨来影响孔隙水压力。这两个过程都可能降低孔隙水压力，从而促进基质吸力的发展。例如，Simon 等（2002c）以及 Pollen-Bankhead 等（2010）指出，蒸散过程引发的基质吸力增加对岸壁稳定性的影响可能大于根系提供的黏结作用。考虑到蒸散的时间尺度，因为潮汐环境下的蒸散周期太短，无法引起基质吸力的显著降低，该过程可能对潮沟边壁的稳定性影响不大。但是，该推测已被证实过于理想化，譬如Dacey等（1984）观察到，盐沼植被可以快速降低地下水位以及孔隙水压力。Wynn等（2006）认为，植被覆盖不仅可以拦截降雨，还能削弱干燥和冻融循环等过程，从而促进岸壁稳定。然而，植被对岸壁稳定也有负面影响。正如Durocher（1990）指出的，植被掩蔽与沿根茎入渗水流可能导致降雨集中在植被根部附近，产生局部的过量孔隙水压力。

此外，研究表明渗流对土壤孔隙水压力的影响是岸壁失稳的主要诱因之一。Fox等（2006）观察到土壤孔隙水压力从-25 kPa急剧增加到5 kPa（土壤状态从非饱和状态转变为饱和状态），随后发生边壁坍塌。Lindow等（2009）发现渗流引起的土壤孔隙水压力变化取决于岸壁的初始坡度。对于缓坡岸壁，孔隙水压力的小幅提高即可触发岸壁失稳（Fox et al.，2010）。

至于降雨的影响，Simon等（2000）发现降雨入渗会引起基质吸力的降低，从而削弱土体强度，影响岸壁稳定。Okura等（2002）通过原型观测发现，连续降雨引起的过量孔隙水压力会导致河岸/边坡失稳，进而引发滑坡破坏。对于潮汐环境，Mariotti等（2019）观察到盐沼的蠕变运动在降雨时段更为明显，表明该过程可能受到孔隙水压力的影响。Wu等（2017）研究了坡度和降雨强度对土壤孔隙水压力的影响。结果表明，增强降雨强度可提升孔隙水压力，但坡度的增加却导致渗水率的降低。

1.2.2.4　波浪

河流、盐沼和航道中的风浪和船行波也会影响边壁稳定。其破坏机制可总结为：①岸壁坡脚侵蚀；②岸壁剖面土壤颗粒侵蚀，即波浪侵蚀；③土体机械疲劳；④孔隙水压力变化。基于现场实验，Nanson等（1994）发现对于小规模航运河道，河岸侵蚀过程由船行波主导而非地表流或渗流。Duró等（2019）指出在恒定水位情况下，船行波是引起坡脚侵蚀的主要原因，而出水植被通过泥沙拦截和消波效应来减弱波浪侵蚀（Coops et al.，1996），其效果取决于土壤中根系的分布形式（Gabel et al.，2017）。有关船行波的其他研究，见文献（张璠 等，2006；徐星璐 等，2013）。

为探究海滩峭壁的波浪侵蚀机理，Sunamura（1982）通过室内试验发现，波浪爬坡引起的湍流会降低沙质崖底的稳定性，在峭壁表面产生剪应力导致侵蚀和坍塌。为对比船行波和风浪对盐沼陡坎稳定性的影响，Houser（2010）通过现场试验发现对于Savannah河而言，局部风浪主导了陡坎的侵蚀后退。针对土工布覆盖的护岸，Faure等（2010）观察到护岸的中部侵蚀主要由波浪拖曳力导致。近些年，Ji 等（2017；2019）研究岸壁剖面结构对稳定性的影响，发现在波浪侵蚀作用下，边壁在水面处形成凹形空腔，导致岸壁顶部出现裂缝，引发绕轴或滑动破坏。以坍塌宽度为衡量标准，他们总结出最不利于边壁稳定的是凸形剖面，然后依次是凹形、线形和台阶形。与地表流侵蚀不同，波浪侵蚀仅发生在水面附近，因此会产生大范围的水下浅滩，阻止坍塌的进一步发生。因此，波浪侵蚀是间歇性的，直到浅滩被地表流侵蚀或人为疏浚移除才会激活。

波浪引起的土体机械疲劳也会影响边壁的稳定性（Hooke，1979；Coops et al.，1996）。Ginsberg 等（1990）发现波浪的连续撞击可能引起土体疲劳，从而大幅降低岸壁的稳定性。为深入了解波浪作为动载荷的影响，Bendoni 等（2014）提出新的理论模型来阐明波浪的瞬时作用。相比于简单的静态模型，动态模型可以考虑弹性势能和惯性效应，从而更准确地模拟波浪的应力分布、预测岸壁的稳定性。他们还通过实验研究发现岸壁顶部裂缝渗水和岸壁前低水位是边壁坍塌的主要诱因。

至于孔隙水压力变化，Faure 等（2010）指出周期性波浪荷载会形成过量孔隙水压力，是造成岸壁上部失稳的主要原因。Francalanci 等（2013）通过原型试验复演了潮汐和风浪共同作用下的盐沼前沿陡坎侵蚀后退过程。观察到的典型破坏过程为：①顶部裂缝和土体变形；②中部张拉破坏；③整体绕轴破坏（图 1.8a）。这种破坏过程类似于地表流（Samadi et al.，2011；Patsinghasanee et al.，2018）或渗流（Fox et al.，2006；Wilson et al.，2007）引发的边壁坍塌过程，表明不同外力可能对岸壁的稳定性产生相似的影响，导致相同的破坏模式。虽然周期性往复流是顶部裂缝形成的主要原因，Francalanci 等（2013）认为风浪提供了边壁坍塌的附加作用，因为岸壁顶部的越浪过程很可能引起裂缝渗水及过量孔压。他们还得出结论，植被根系对边壁的稳定性有显著影响（图 1.8a 和图 1.8b）。例如，植被覆盖的岸顶裂缝通常浅而窄，从而延缓坍塌的发生。其他学者也相继开展了波浪和植被共同作用下的边壁稳定性研究，如文献（Chen et al.，2011；Mariotti et al.，2019）。至于生物扰动，研究发现贝类和蟹类对沉积物稳定有负面影响（Bortolus et al.，1999；Thompson et al.，2002；Quaresma et al.，2007），而生物膜却可以提供额外的稳定效应（Chen et al.，2017b）。总之，需要开展更多研究来量化植被和生物干扰对盐沼边壁稳定性的作用。

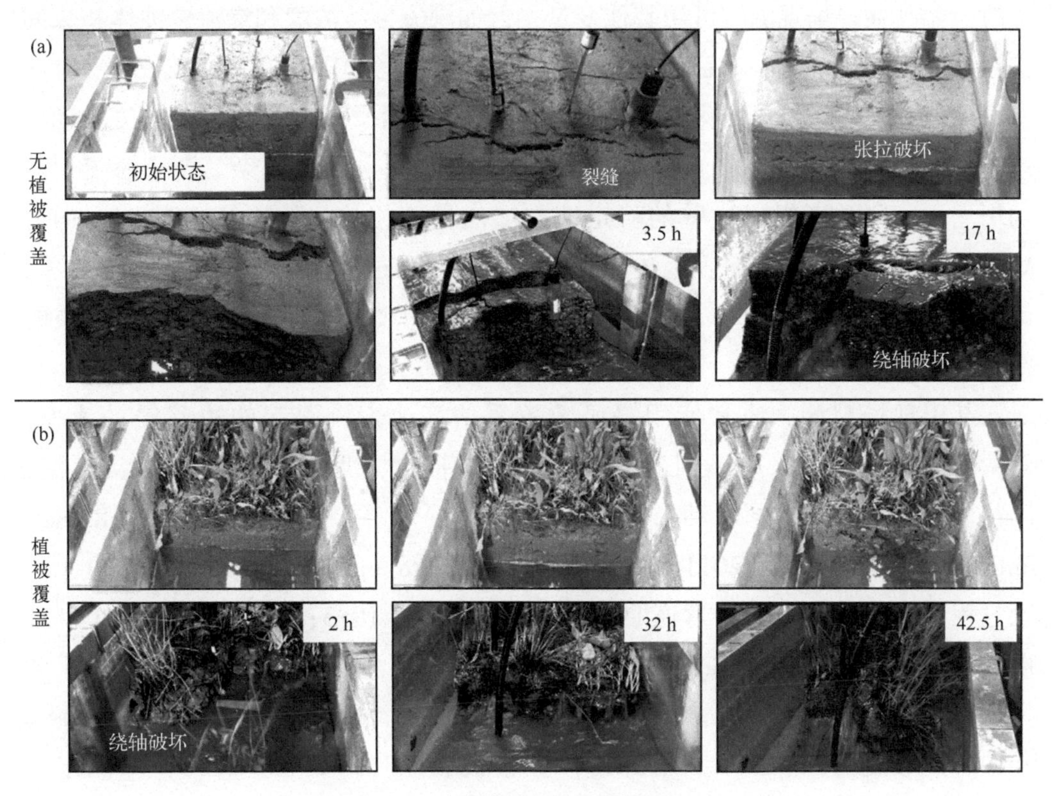

图 1.8　波浪作用下的边壁坍塌过程

图中时间为试验历时，改自文献（Francalanci et al., 2013）

1.2.3　边壁侵蚀后退速率经验公式

基于室内实验和野外观测，现有研究已推导出大量的泥沙输运经验公式，将边壁侵蚀后退速率与其控制因素（如流量、近岸流速和局部坡度）相关联。表1.1和表1.2总结了典型的边壁侵蚀速率经验函数及回归系数。本节对现有经验公式做简要回顾。

对于实验室和现场尺度，渗流引起的边壁后退速率常用过量流量或梯度公式进行估算（对于非黏性土，公式简化为幂函数关系，见表1.1）（Howard et al., 1988; Fox et al., 2007; Chu-Agor et al., 2009; Midgley et al., 2013; Akay et al., 2018）。由于上述公式受水力学条件和土壤特性影响，Fox 等（2006）建议使用无量纲的泥沙输运公式，将式中变量通过土壤密度、粒径和饱和导水率实行无量纲化。不同于过量流量公式，过量梯度公式将侵蚀速率与驱动力（压力水头）和剖面结构直接关联，因此无须额外参数，譬如渗流流速等。这有助于数据分析及实验结果对比，从而提供更可靠的经验公式。鉴于侵蚀速率的直接测量复杂且耗时，尤其在现场观测时可用其他变量，譬如渗流含沙浓度和渗流侵蚀体积来间接评估侵蚀速率（Wilson et al., 2007; Masoodi et al., 2017）。Masoodi 等（2017）发现渗流侵蚀体积与土壤化学性质之间存在线性关系。据此推断，受盐度和动力影响（Hua et al., 2019），河口环境下的渗流侵蚀可能更为复杂。至于渗流引起的坍塌，一些学者提出边壁的稳定性与渗流梯度相关（Karmaker et al., 2013; Masoodi et al., 2018）。尽管上述研究涉及边壁坍塌过程，具有一定的参考价值，但其仅考虑水力学条件，忽略了剖面几何形状（如边壁高度）和土壤性质的影响。

基于现场观测，通常使用幂函数关系估算地表流引起的边壁侵蚀速率，对沟渠流和漫滩流采用不同的控制因素进行拟合（见表 1.2）。对于沟渠流，以往研究聚焦沟渠内部水动力特征及岸壁/沟渠形态，例如特征流量（Rutherfurd, 2000; Yao et al., 2011）、近岸流速（Pizzuto and Meckelnburg, 1989）、冻融过程（Lawler, 1986）、弯道曲率（Nanson et al., 1983; Lagasse et al., 2004），以及岸壁高度（Zhang et al., 2019）等。而对于漫滩流，学者更多地关注流域尺度变量，譬如降水（Capra et al., 2009; Rieke-Zapp et al., 2011; Dong et al., 2019a）、坡度（Samani et al., 2010）和植被覆盖（Li et al., 2015）等。作为更通用的控制因素，流域集水面积同时适用于沟渠流和漫滩流，因其作为水动力强度的粗略指标，可表征不同时空尺度（Seginer, 1966; Hooke, 1980; Burkard et al., 1997; Vandekerckhove et al., 2000; Vandekerckhove et al., 2001a; Vandekerckhove et al., 2003）。与漫滩流相反，沟渠流引起的侵蚀速率在长、短期时段内存在显著差异，体现了沟渠流对时间尺度更为敏感（图 1.9）。近些年，基于大数据观测，机器学习算法已被用于沟壑侵蚀速率预测（Rahmati et al., 2017; Arabameri et al., 2019; Amiri et al., 2019）。因其主控变量易于收集（如降水、流域面积和土壤特征等），机器学习可以提高对沟壑侵蚀速率的预测能力。

在实验室尺度，Wells 等（2013）提出用指数函数来描述地表流作用下的河道宽度变化，对应的指数参数取决于河道坡度和流量（Qin et al., 2018）。边壁后退速率预测公式可由上述关系导出。不同于恒定侵蚀速率假定，Wells 等（2013）的公式反映了拓宽速率随时间逐渐减小（由于宽度的增加），因此更能反映实际情况。

表 1.1　室内试验导出的边壁侵蚀后退速率经验关系

公式类型	系数和单位				R^2	文献/备注
	K_s（或 b）	a	左侧	右侧		
渗流引起						
$E_m = b\,Q_s^a$	0.79	1.25	kg/s	cm^3/s	0.92	Fox 等（2006）
	0.29	2.2	kg/s	cm^3/s	0.91	Akay 等（2018）
	0.08	2.3			0.91	掺杂纤维
$q_s^* = K_s(\tau_s^*)^a$	584	1.04	(-)	(-)	0.86	Fox 等（2006）
	90	4	(-)	(-)		Akay 等（2018）
	25	5.4				实验组次掺杂纤维
$q_s^* = K_s(\tau_s^* - \tau_{cs}^*)^a$	584	1.04	(-)	(-)		Fox 等（2007）
$E_m = K_s(i - i_c)^a$	0.04	1.2	kg/s	(-)	0.54	Chu-Agor 等（2009）
$t_b = b \cdot i^a$	81.87	-1.43	min	(-)	0.91	Karmaker 等（2013）
	150.57	-1.36			0.95	
	249.28	-1.42			0.93	
	2.08	-2.46	min	(-)		Masoodi 等（2018）
地表流引起						
$E_l = b\,e^{at}$			cm/min	min	0.88	Qin 等（2018）
			m/s	s		Wells 等（2013）

注：其中，E_m为用质量单位表示的岸壁侵蚀速率，Q_s为渗流引起的泥沙通量，q_s^*为渗流引起的无量纲泥沙通量，K_s为渗流侵蚀系数，τ_s^*为渗流引起的无量纲切应力，τ_{cs}^*为无量纲的渗流侵蚀临界启动切应力，i为渗流梯度，i_c为渗流侵蚀的临界梯度，t_b为边壁坍塌发生所需时间，E_l为用长度单位表示的岸壁侵蚀速率，a为无量纲回归系数，R^2为相关性系数，数值越接近1表示相关性越高，(-)表示无量纲单位。

表 1.2　野外观测导出的边壁侵蚀后退速率经验关系

公式类型	系数和单位						R^2	时间尺度*	文献
	K_s（或 b）	a	Q_c/c	d	左侧	右侧			
渗流引起									
$C_s = b\,Q_s^a$	3.7	2.12			g/L	L/d	0.69	天	Wilson 等（2007）
$E_m = K_s(Q_s - Q_c)^a$	1 700	1	0.2		g/min	L/min	0.89	天	Midgley 等（2013）
$V_s = b \times CEI + d$	99.156	1		-39 627	cm^3	(-)	0.77	(-)	Masoodi 等（2017）
沟渠流引起									
$E_l = b \times A_d^a$	2.45	0.45			m/a	km^2	0.4	短期	Hooke（1980）
	0.05	0.44			m/a	km^2	0.67	(-)	Van De Wiel（2003）
	0.012	0.4			m/a	km^2	0.64	长期	De Rose 等（2011）
$E_l = b \times U_l^a$	6.66×10^{-9}	0.86			m/s	m/s	0.75	短期	Pizzuto 等（1989）

续表

公式类型	系数和单位						R^2	时间尺度*	文献
	K_s（或 b）	a	Q_c/c	d	左侧	右侧			
$E_l=b\times D_f^a+c$	6.07	1	4.53		mm/a	(−)	0.94	短期	Lawler (1986)
$E_l=b\times Q_l^a$	0.0016	0.6			m/a	m^3/s		(−)	Rutherfurd (2000)
$E_a=b\times e^{(Q_l/a)}+c$	0.6	472.299	0.636		km^2/a	m^3/s	0.98	长期	Yao 等 (2011)
$E_v=b\times {H_{ub}}^a+c$	22.88	1	−3.93		m^3/a	m	0.73	季节	Zhang 等 (2019)
漫滩流引起									
$E_l=b\times A_d^a$	5.1	0.5			m/a	km^2	0.62	中期	Seginer (1966) (Bror-Hayil 支流)
	6	0.5					0.84		Ruhama 支流
	2.1	0.5					0.85		Tkuma 支流
	0.01	0.23			m/a	m^2	0.39	短期	Van dekerckhove 等 (2001a)
$E_a=b\times A_d^a$	0.4	0.59			m^2/a	m^2	0.77	长期	Burkard 等 (1997)
$V_g=b\times A_d^a$	1.71	0.6			m^3	m^2	0.65	中期	Van dekerckhove 等 (2000)
$E_v=b\times A_d^a$	0.02	0.57			m^3/a	m^2	0.93	中期	Van dekerckhove 等 (2001b)
	0.04	0.38			m^3/a	m^2	0.39	短期	Van dekerckhove 等 (2001a)
	0.069	0.38			m^3/a	m^2	0.51	中期	Van dekerckhove 等 (2003)
$E_v=b\times P_s^a$	5.56×10^{-3}	2.31			m^3/a	mm	0.67	中期	Capra 等 (2009)
$E_l=b\times S^a+c$	4.85	1	30.64		m/s	(−)	0.8	中期	Samani 等 (2010)
$E_l=b\times(A_d\times P_s)^a$	6.47×10^{-9}	1.424			(−)	(−)	0.89	长期	Rieke-Zapp et al. (2011)
$E_a=b\times[(\Phi_{60}A_i)^{0.24}S]^a$	0.154	3.2588			m^2/a	m^2	0.62	中期	Li 等 (2015)
$E_l=b\times P_s^2+c\times P_s+d$	7×10^{-4}	2	−0.06	1.11	m	mm	0.94	短期	Dong 等 (2019a)

注：“天”表示数据在一个或数个洪水过程中测得；“季节”表示数据在 1 a 内测得；“短期”表示数据在 1~5 a 内测得；“中期”表示数据在 5~50 a 内测得；“长期”表示数据在大于 50 a 时间尺度测得。其中，C_s为渗流泥沙浓度，Q_s为渗流引起的泥沙通量，E_m为用质量单位表示的岸壁侵蚀速率，E_l为用长度单位表示的岸壁侵蚀速率，E_a为用面积单位表示的岸壁侵蚀速率，E_v为用体积单位表示的岸壁侵蚀速率，Q_c为渗流侵蚀的临界泥沙通量，V_s为渗流引起的孔洞体积，CEI为渗流侵蚀指标，与土体化学性质有关，A_d为流域集水面积，U_l为近岸流速，D_f为霜冻天数，Q_l为年平均流量或峰值流量，H_{ub}为水面上岸壁高度，P_s为降雨量，S为河道坡降。

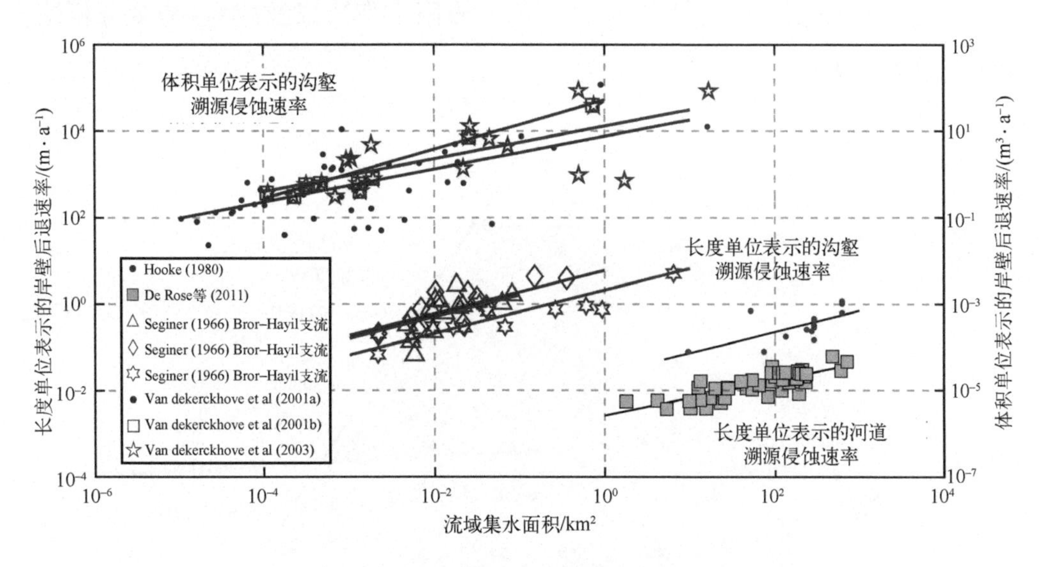

图 1.9　边壁侵蚀速率随流域集水面积变化

图中圆点代表短期时间尺度（1~5 a）、空心符号代表中期尺度（5~50 a）、实心符号代表长期尺度（大于50 a）。相关数据来自文献（Hooke，1980；De Rose et al.，2011；Seginer，1966；Van dekerckhove et al.，2001b；Van dekerckhove et al.，2001a；Van dekerckhove et al.，2003）

1.2.4　边壁侵蚀数学模型层级

边壁侵蚀的数值模拟研究遵循两种截然不同的发展方向：水力学方法和土力学方法。通过简化坍塌过程，水力学方法为边壁侵蚀后退提供经验化参数，用于描述不同时空尺度下的河流、河口和潮汐汊道演变（Ikeda et al.，1981；Pizzuto，1990；Nagata et al.，2000；Duan et al.，2005；Jang et al.，2005；Lanzoni et al.，2006；Van der Wegen et al.，2008；Parker et al.，2011；Van Dijk et al.，2019；Lopez Dubon et al.，2019）。土力学方法则关注边壁的坍塌过程和河道的断面演变，分析边壁坍塌机理（Thorne et al.，1981；Samadi et al.，2013；Osman et al.，1988；Van Eerdt，1985；Istanbulluoglu et al.，2005；Langendoen et al.，2008；Bendoni et al.，2014；Kleinhans et al.，2009；Gong et al.，2018），探究诸如岸壁高度（Zhao et al.，2020）、土壤性质（Simon et al.，2000）、孔隙水压力（Darby et al.，1996；Darby et al.，2007）和植被根系（Wu et al.，1979；Pollen Bankhead et al.，2009；Krzeminska et al.，2019）等因素对坍塌的影响。虽然 Rinaldi 等（2007）提出了“水力学方法”和“土力学方法”的分类研究标准，但该标准有时对边壁坍塌无法起到区分作用。本节将现有模型分为图 1.10 的层级进行回顾：水力学模型

(不考虑边壁坍塌过程)、坍塌参数化模型、极限平衡法以及应力-应变分析法,见图1.10和表1.3。

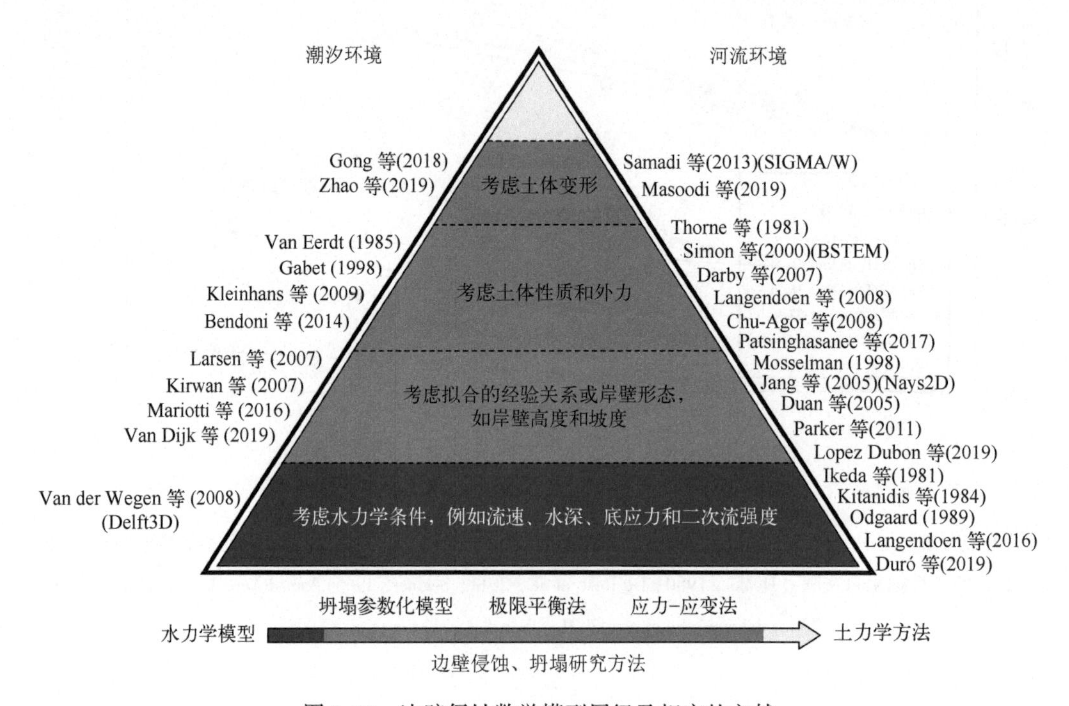

图1.10 边壁侵蚀数学模型层级及相应的文献

1.2.4.1 水力学模型

这类模型从水力学角度描述岸壁侵蚀过程,忽略边壁坍塌的作用。基于弯道曲率或过量流速、水深、剪应力,已开发出众多此类模型用于长时间尺度下的蜿蜒河道演变模拟(Ikeda et al., 1981; Kitanidis et al., 1984; Odgaard, 1989; Langendoen et al., 2016)。其中最常见的模型由 Hasegawa(1977)和 Ikeda 等(1981)开发,假设边壁侵蚀速率与近岸流速成正比(HIPS公式,由作者姓名的首字母命名)。因为HIPS公式提供了简单且直接的方法模拟蜿蜒河道演变,被学者广泛采用,如文献(Lanzoni et al., 2006; Camporeale et al., 2007; Parker et al., 2011)。

另一种常见方法是干网格侵蚀法,如 Delft 3D,将湿网格的侵蚀通量分配到相邻干网格。因此,对于干网格侵蚀法,边壁侵蚀后退过程由岸壁的高度降低代替(Van der Wegen et al., 2008)。由于干网格侵蚀法的便利性,特别是对复杂岸线,被广泛应用于河口和潮汐网络等大尺度模拟(Zhou et al., 2014; Van der Wegen et al., 2008)。

1.2.4.2　坍塌参数化模型

此类模型通过边壁几何形状（如岸壁高度和坡度）或拟合的经验公式（见第1.2.3节）来简化坍塌过程。基于过量岸壁高度，Mosselman（1998）提出对于中短期时间尺度的蜿蜒河道演变，边壁侵蚀速率与河岸高度正相关。然而，Hasegawa（1989）给出了相反的建议：岸壁高度的增加导致侵蚀速率的降低，与Thorne（1982）的假设相一致，即边壁侵蚀速率由坍塌提供的泥沙与水流冲刷共同决定。

针对破坏机理的差异，现有研究基于岸壁坡度提出了两种截然不同的方法。Pizzuto（1990）和Nagata等（2000）推导出平面破坏模型，适用于非黏性土岸壁。其中，坡脚侵蚀会提高岸壁坡度，当坡度超过泥沙休止角时，发生边壁坍塌，如图1.11a所示。该方法由Parker等（2011）改进（图1.11b），并被Jang等（2005）和Dulal等（2010）应用于实验室尺度的蜿蜒河道数值模拟（Nays 2D模型）。由于Nays 2D模型将边壁侵蚀速率与近岸泥沙通量直接关联（即边壁过程与底床演变过程具有相同的时间尺度），可复演出蜿蜒河道的平面形态和宽度变化（Asahi et al.，2013；Eke et al.，2014b）。至于垂直的黏性土河岸，Duan等（2005）假设边壁坍塌引起的岸壁上部后退与坡脚水流侵蚀速率相同，始终维持垂直的岸壁剖面形态。为评估现有的边壁侵蚀模拟方法，Stecca等（2017）构建了新的模型框架，将现有算法分为3个模块：边壁识别模块、泥沙通量模拟模块、岸壁更新模块，随机组合后建立新的侵蚀模型。该方法探究了各个模块对边壁侵蚀模拟的影响，因此可指导现有模型的实际应用。

近些年，一些基于现场观测的经验化参数被用于描述潮汐环境下的边壁侵蚀。例如，Van Dijk等（2019）引入浅滩边缘坍塌公式，将坍塌频率与局部坡度相关联。对于盐沼滩潮沟边壁，一些研究假定土壤蠕变速率与坡度和土壤扩散系数之间存在线性关系（Larsen et al.，2007；Kirwan et al.，2007；Mariotti et al.，2016）。该方法被用于研究潮滩和潮沟之间的泥沙交换，可更好地阐明盐沼滩潮沟的动力地貌演变。

总体而言，坍塌参数化模型是对水力学模型的改进，适用于长周期、大尺度模拟。因其将坍塌过程高度概化，该方法被推荐用于以下情形：①边壁的稳定性由剖面形态决定，即无其他外力作用下的均质土壤；②无土体和外部作用力的详细数据。

1.2.4.3 极限平衡法

从土力学角度看，当作用于潜在破坏面上的驱动力超过抵抗力时，发生边壁坍塌。因此，通常用驱动力和抵抗力的比值，即安全系数 F_s 来评估岸壁的稳定性。为计算 F_s，需假定破坏面位置，通过一个或多个静力平衡方程求解破坏面上的应力分布（Duncan et al.，2014）。该过程被称为极限平衡法，不仅考虑边壁的几何形状，还阐明了土壤性质以及外部作用力的影响，如静水压力、孔隙水压力和植被根系等。虽然 Thorne（1982）定义了许多破坏模式，但以往的研究仅仅聚焦悬臂破坏和滑动破坏。鉴于已有大量关于极限平衡法的文献综述（Thorne et al.，1998；Rinaldi et al.，2007；Klavon et al.，2017），本节仅对近些年提出的方法进行回顾总结。

对于悬臂破坏（图 1.11c ~ e），近期研究逐渐转向探究：①土体各向异性和顶部裂缝的影响；②破坏面上的应力分布。一方面，Langendoen 等（2008）将目标悬臂分为一系列水平切片，从而考虑土体各向异性和顶部裂缝的影响；另一方面，应力沿破坏面均匀分布的假定被三角分布取代（图 1.11e）。应力三角分布假定首先由 Van Eerdt（1985）提出，随后被其他学者改进，探究了拉应力和压应力分别作用下的破坏面范围（Micheli et al.，2002；Xia et al.，2014；Patsinghasanee et al.，2017；Arai et al.，2018）。为评估动载荷作用下的悬臂稳定性，Bendoni 等（2014）建立了理论模型，考虑波浪的瞬时作用，代替以往的波周期平均应力（图 1.11f）。他们还假定，当破坏面上某点所受的拉应力超过土体的抗拉强度时，发生边壁坍塌，而非前人采用的沿破坏面均值来衡量。Van Eerdt（1985）和 Bendoni 等（2014）的模型适用于潮汐环境下的岸壁稳定性研究，涉及土力学、生物动力学和海岸动力学。

对于滑动破坏，目前最常用的模型是 Simon 等（2000）提出的 BSTEM 模型（图 1.11g）。BSTEM 模型考虑了孔隙水压力和静水压力（Darby et al.，1996）、非饱和土的基质吸力（Casagli et al.，1999）、岸壁层化（Simon et al.，2000）、植被根系（Simon et al.，2002c）以及顶部裂缝（Langendoen et al.，2008）的影响。Langendoen 等（2008）引入新的算法，将破坏面以外土体划分成一系列垂直切片。该算法适应于裂缝和外部载荷（例如植被根系）共同作用下的复杂岸壁剖面结构。但由于算法求解时的限制，该模型仅适用于坡度较缓的破坏面（Lai et al.，2015）。此外，BSTEM 模型也被用于潮汐环境下的潮沟溯源侵蚀研究（Kleinhans et al.，2009）。

BSTEM 模型的局限性在于，模型假定水平且恒定的地下水位，因此忽略了土壤孔隙水压力变化和渗流力的影响。例如，Wilson 等（2007）和 Lindow 等（2009）发现，BSTEM 模型无法准确预测渗流引起的破坏，除非考虑地下渗流的影响。为阐明孔隙水压力的瞬态特征，Rinaldi 等（2004）使用渗流有限元分析来模拟洪水期间岸壁内部的饱和流、非饱和流。模拟出的孔隙水压力作为输入数据进行边壁稳定性分析。Darby 等（2007）和 Deng 等（2018）扩展了上述方法，分别考虑了地表流侵蚀和近岸底床演变的影响。关于渗流力的影响，Chu-Agor 等（2008）通过计算斜坡的 F_s 来探究弹射破坏的临界条件（图 1.11h），分别推导出沿平行和垂直于斜坡表面的 F_s 计算方法。关于渗流的其他影响，可参见相关文献（Fox et al.，2010；Rinaldi et al.，2013）。

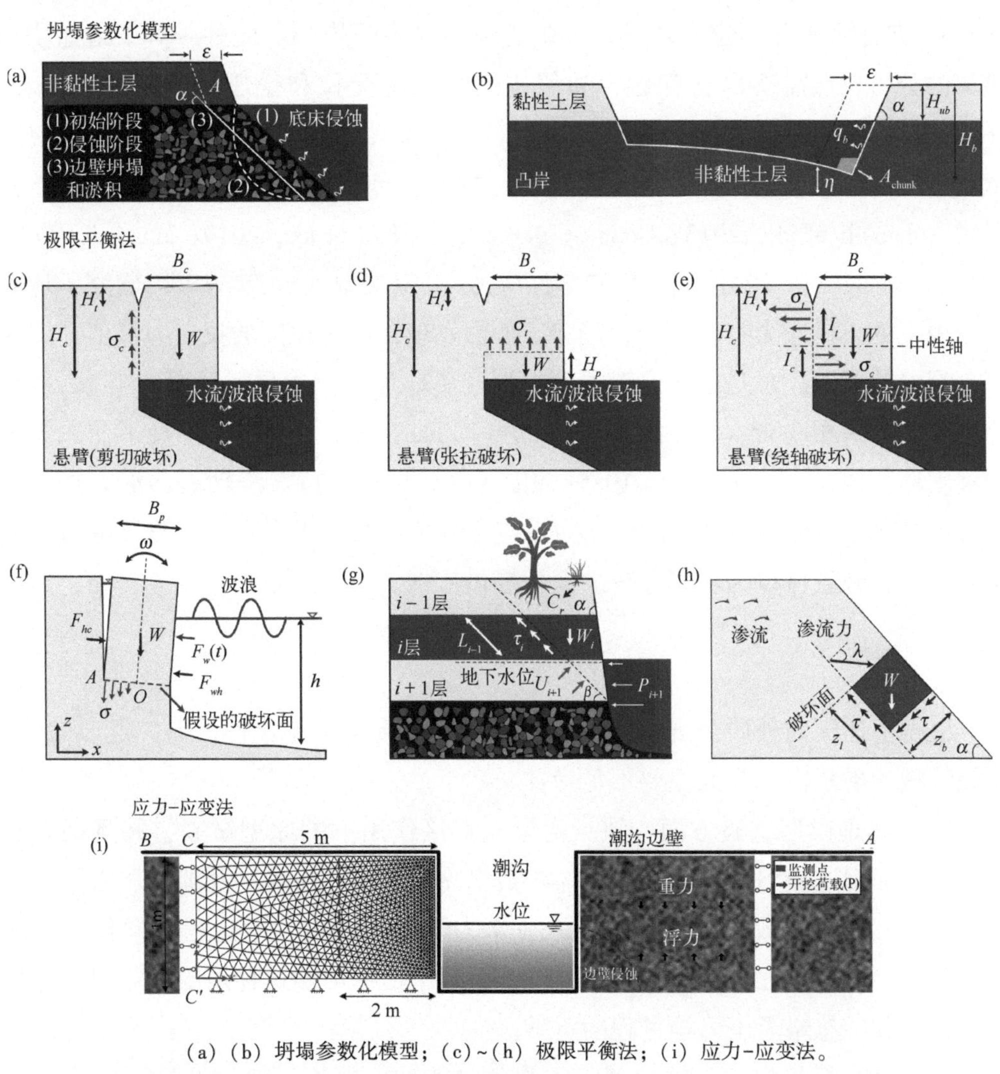

（a）（b）坍塌参数化模型；（c）~（h）极限平衡法；（i）应力-应变法。

图 1.11　典型的边壁侵蚀模型

改自文献（Nagata et al.，2000；Parker et al.，2011；Thorne et al.，1981；Van Eerdt，1985；Bendoni et al.，2014；Simon et al.，2000；Chu-Agor et al.，2008）

极限平衡法可用于评估土壤性质和外力影响下的边壁稳定性，给出简单、直接的指标（F_s），因此适合护岸、防波堤和海堤等工程项目。此外，与水力学模型耦合后，极限平衡法可以更好地描述岸壁土体各向异性（如二元结构河岸）或其他外力（如孔隙水压力、渗流力和波浪）引起的短期或中期时间尺度的边壁侵蚀过程。

1.2.4.4 应力-应变分析法

虽然极限平衡法可以合理地预测边壁侵蚀速率和岸线演变（Midgley et al., 2012; Daly et al., 2015; Lai et al., 2015; Patsinghasanee et al., 2017），但是该方法仍然存在一些局限性（Rinaldi et al., 2007; Duncan et al., 2014; Gong et al., 2018），最主要的是假定破坏面以外的土体不受变形影响。此外，对于诸如绕轴破坏的分析仍然需要简化问题，如假定破坏面上受拉和受压长度的比值（Xia et al., 2014; Patsinghasanee et al., 2017; Arai et al., 2018）。为阐明土体变形对边壁稳定性的影响，一种更为复杂的方法，即应力-应变分析法，逐渐被一些学者采用（Samadi et al., 2013; Gong et al., 2018; Zhao et al., 2019; Masoodi et al., 2019）。Samadi 等（2013）应用弹塑性应力-应变模型（SIGMA/W）研究了地表流侵蚀下的土体应力、应变变化趋势。他们发现，岸壁顶部的拉应力峰值，即在产生裂缝的位置，总是位于悬臂根部内侧（更靠近陆侧边界，见图 1.4a）。该结论与实验结果相吻合（Samadi et al., 2011; Zhao et al., 2020），质疑了前人关于绕轴破坏的假设（Van Eerdt, 1985; Micheli et al., 2002）：绕轴破坏沿着悬臂根部发生（图 1.11e）。总而言之，应力-应变分析法适用于岸壁变形显著的短期或中期模拟，并且可以为坍塌过程的简化提供依据。

1.2.5 小结

根据上述国内外研究进展回顾可知，对于潮沟边壁稳定性的研究起步较晚，发展缓慢。现阶段存在的主要不足为：

（1）物理模型试验方面，缺少沟渠流直接作用下的原型试验，并且很少有研究尝试捕捉边壁坍塌过程中的土体参数变化，如土体应力和孔隙水压力。

（2）侵蚀速率预测公式方面，缺少水力学过程和土力学过程共同作用下的预测公式。以往研究多集中在水流冲刷，而对于边壁坍塌这种短历时、间断过程却少有涉及，忽略了土力学过程的贡献。

（3）数值模拟方面，缺少基于土力学过程的、适用于潮汐环境下的边壁坍塌模型。

因此，本书综合土力学、海岸动力学和水沙运动力学，围绕潮沟边壁的稳定性，开发具有自主知识产权的物理实验系统以及数值模拟方法，探究潮沟边壁坍塌机理及其地貌效应。

1.3　研究内容与技术路线

本书的研究内容分为两大部分：第一部分针对边壁坍塌过程及其控制因素进行研究（第2章）；第二部分则聚焦边壁坍塌的地貌效应，包括边壁侵蚀后退的贡献（第3章）、弯道的迁移及平面形态演变（第4章）以及潮滩-潮沟系统的地貌演变（第5章）。首先，通过水槽试验研究水动力变化影响下的边壁坍塌过程，获取坍塌时段水沙动力及土体性质的变化特征，分析坍塌影响下的岸壁后退速率；建立边壁坍塌应力-应变模型，从土力学角度剖析边壁坍塌的力学机理，阐明不同岸壁高度下的坍塌破坏机制。其次，构建“水-沙-坍塌-地貌演变”耦合模型，分别探究边壁坍塌对地貌单元的平面及断面演变的影响。构建平面演变方面，模拟潮汐环境下的边壁侵蚀后退过程，揭示弯道迁移过程中弯道形态和坍塌位置的固有联系。在断面演变方面，复演坍塌作用下的潮滩-潮沟系统三维地貌形态，阐明地貌演变中坍塌泥沙的作用机制。

本书的主要内容包括以下四个方面。

（1）边壁坍塌机理及其影响因素。首先，通过边壁坍塌水槽试验，获取不同岸壁高度、水深组合下的坍塌过程，捕捉坍塌时段土体应力、含水率和基质吸力的变化趋势，阐明绕轴和剪切的不同破坏过程。其次，建立边壁坍塌有限元模型，从土力学角度剖析边壁侵蚀作用下的土体应力、应变发展趋势，结合实验观察到的土体参数变化特征，揭示岸壁绕轴和剪切破坏的不同力学机理。最后，分析不同岸壁高度、水深条件下的土体参数及应力、应变特征，揭示岸壁绕轴和剪切破坏机制的主导因素。

（2）边壁坍塌对岸壁的侵蚀后退速率贡献。通过对水槽试验中岸壁边线的提取和分析，获取边壁侵蚀后退速率，探究不同岸壁高度、水深条件下的坍塌贡献率。结合文献中的数据，优化岸壁侵蚀经验公式，阐明水动力过程和土力学过程耦合作用下的岸壁侵蚀后退速率。基于坍塌应力-应变模型，探究岸壁高度对坍塌贡献率的影响，揭示边壁坍塌对潮沟拓宽的贡献。

（3）边壁坍塌对弯道的形态演变作用。基于弯道稳定理论，耦合坍塌应力-应变模型，探究边壁坍塌作用下的弯道迁移机制。首先，针对不同弯曲幅度，分析弯道沿程的岸壁稳定性，阐明边壁坍塌沿弯道的分布特征。其次，通过不同方式描述边壁坍塌过程，分析边壁坍塌对弯道迁移速率的影响机制。最后，讨论边壁坍塌的瞬时性特征，揭示弯道演变过程中的凹岸和凸岸之间的追赶行为。

（4）边壁坍塌对潮滩-潮沟系统的地貌演变作用。建立“水-沙-坍塌-地貌演变”耦合模型，复演潮沟从快速拓宽到动态平衡的过程。基于近岸水动力特征，分析潮沟岸壁剖面结构的时空分布规律。分别从平面和断面形态角度出发，阐明边壁侵蚀、坍塌对潮滩-潮沟系统地貌演变的贡献。通过与实测数据对比，分析潮沟特征参数随环境变量的变化趋势，对考虑坍塌因子后的潮沟演变过程进行重新认识，对潮滩-潮沟系统的发展及演变机制进行深入解读。

本研究的技术路线如图 1.12 所示。

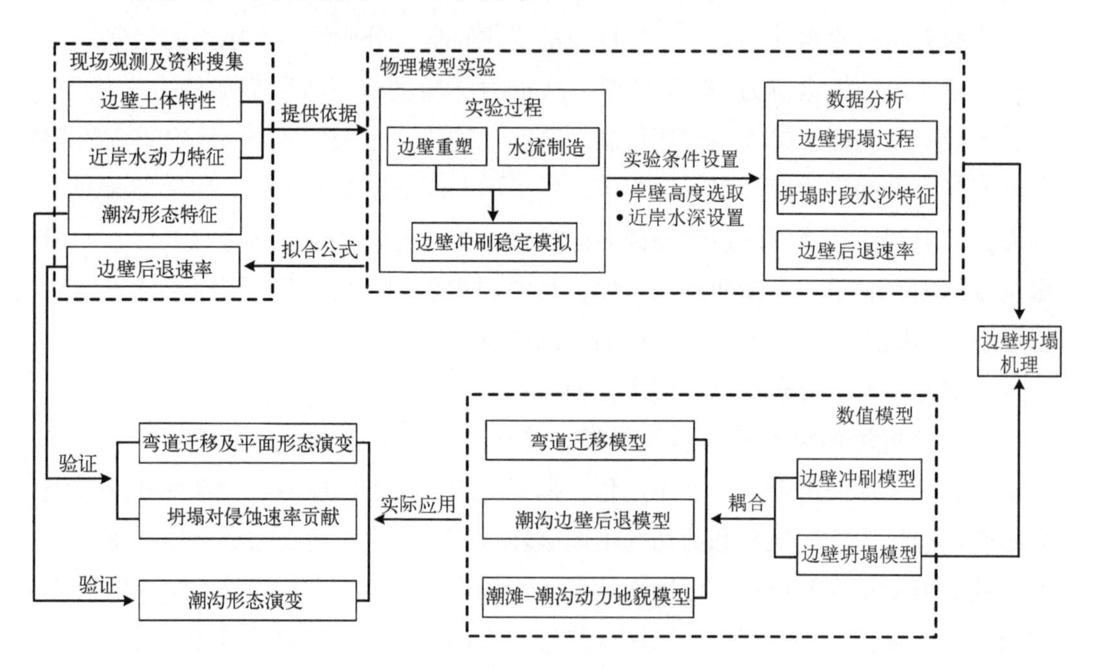

图 1.12　技术路线

第 2 章　边壁坍塌机理及其影响因素

边壁坍塌是粉砂淤泥质潮滩潮沟的重要塑造过程之一，多发生于落潮期间。随着潮位降低，出露的岸壁在单向归槽水流的作用下，逐渐发展为悬臂状剖面。从土力学和弹性力学的角度看（Wood，2014；Duncan et al.，2014），悬臂状结构易产生应力集中现象，引起土块的局部破坏，进而导致整体失稳。由于现场观测难以捕捉边壁坍塌这种短历时、间断过程，且对相应的力学机理的认识还有待深入，以往对于潮沟边壁稳定性的研究主要集中在水流侵蚀（Xu et al.，2017；Lanzoni et al.，2015；Zhou et al.，2014；Coco et al.，2013；Fagherazzi et al.，2004；D'Alpaos et al.，2005；D'Alpaos et al.，2006），而对于重力引起的边壁坍塌过程却少有涉及，缺少系统性、基于力学机理的研究。

因此，本章的研究目标是探究潮沟边壁坍塌的力学机理。首先针对落潮期间的归槽水流，通过水槽试验获取不同岸壁高度和水深条件下的坍塌过程，辨析坍塌时段的土体性质和水沙特征变化。其次，通过应力-应变模型，从土力学角度剖析边壁侵蚀作用下的土体应力、应变发展趋势，结合实验观察，揭示岸壁绕轴和剪切破坏的不同力学机理。最后，分析不同岸壁高度、不同水深条件下的土体参数及应力、应变特征，揭示岸壁绕轴和剪切破坏机制的主导因素。

2.1　研究方法

2.1.1　边壁坍塌水槽试验

2.1.1.1　研究区域概况

本研究以江苏北部海岸的潮汐通道为研究背景，如图 2.1 所示。野外观测发现靠海侧潮沟无植被覆盖，在落潮期间频繁发生边壁坍塌过程，见图 2.2。为获取潮滩和潮沟的土体性质，进行了 3 次野外数据采集，见表 2.1。选择S7 点附近的边壁土（图 2.1）作为实验材料，原因如下：①落潮后期近乎恒定的水深和流速（表层流速在 0.4 m/s 左右），且观察到频繁的坍塌过程；②充足的露滩时长并远离盐沼植被滩；③该区域的水动力和泥沙动力资料丰富，如文献（Gong et al., 2017)；④人为扰动有限。收集了大约 9 t 重的岸壁上部土体（深度小于 0.5 m），用尼龙袋包装，以保持水分，并通过船和卡车运回实验室。

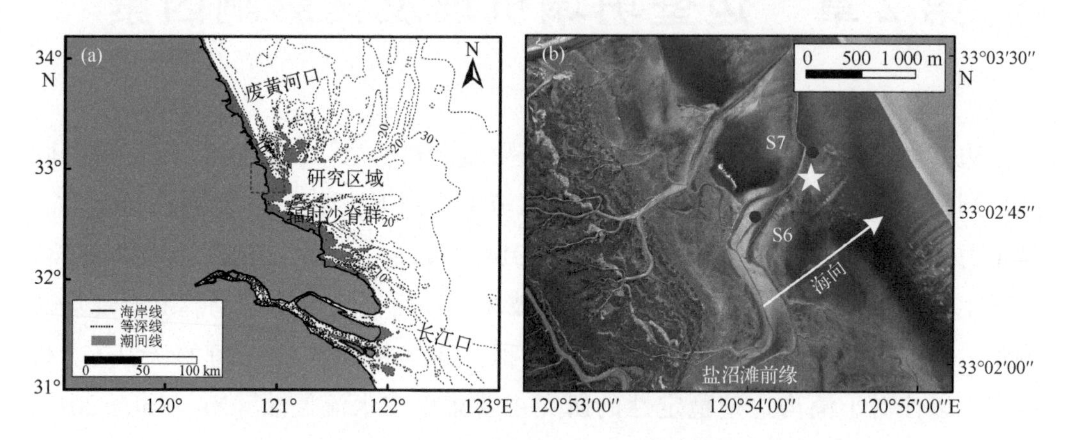

图 2.1　水槽试验中边壁土的采集位置

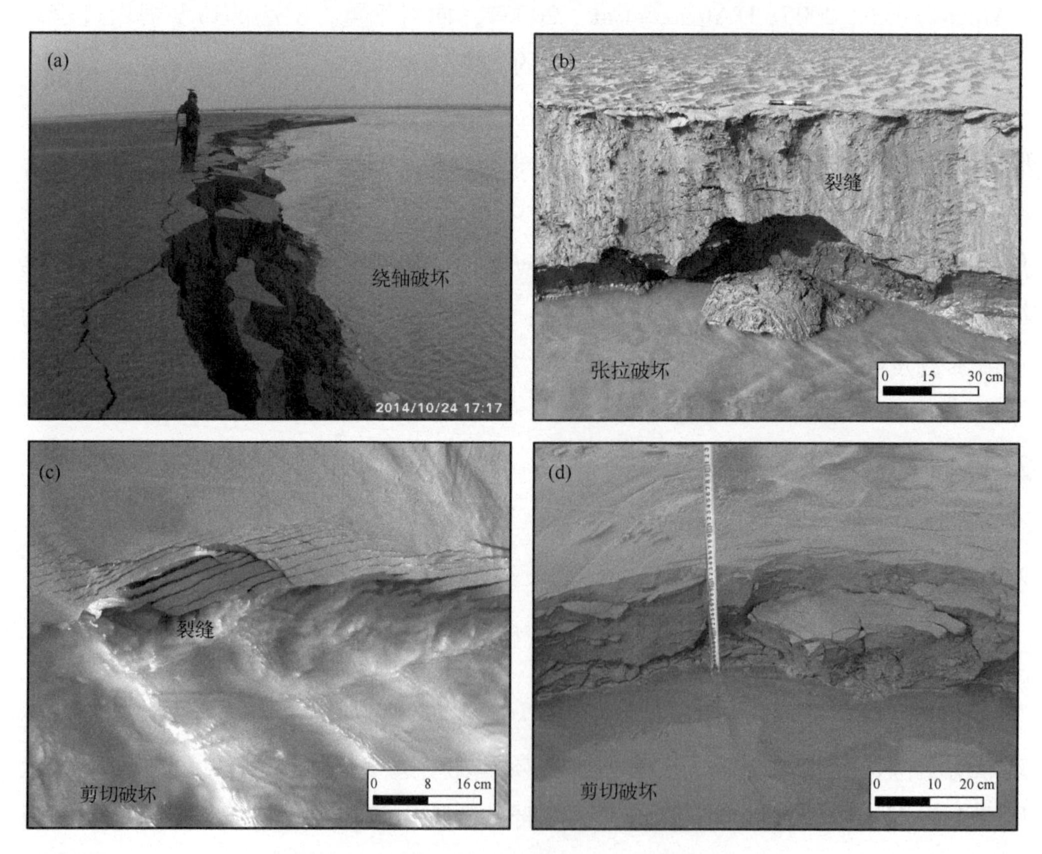

（a）绕轴破坏；（b）张拉破坏；（c）（d）剪切破坏。

图 2.2　现场观察到的边壁坍塌类型

改自文献（Gong et al., 2018；Zhao et al., 2019；Zhao et al., 2020）

表 2.1　现场观测到的土体参数

编号	日期	位置	ρ_b/ (g·cm^{-3})	w/ %	c/ kPa	φ/ (°)	k_s/ (10^{-6} m·s^{-1})	D_{50}/ mm	CF/ %	MF/ %	SF/ %
1*	2016 年 8 月	S6-*u*	(-)	(-)	32.61	25.18	(-)	(-)	(-)	(-)	(-)
2	2018 年 7 月	S6-*u*	1.85	45.12	18.23	26.6	1.17	0.012	3.88	87.63	8.47
3	2018 年 7 月	S6-*l*	(-)	(-)	(-)	(-)	(-)	0.009	6.61	90.96	2.43
4	2018 年 7 月	S6-*b*	(-)	(-)	(-)	(-)	(-)	0.079	0	23.78	72.45
5	2018 年 7 月	S6-*f*	(-)	(-)	(-)	(-)	(-)	0.014	4.97	89.32	5.69
6	2018 年 7 月	S7-*u*	1.96	33.12	11.21	32.57	7.21	0.062	0	44.15	55.86
7	2018 年 7 月	S7-*m*	(-)	(-)	(-)	(-)	(-)	0.062	0	45.37	54.3
8	2018 年 7 月	S7-*l*	(-)	(-)	(-)	(-)	(-)	0.064	0	40.46	59.52
9	2018 年 7 月	S7-*b*	(-)	(-)	(-)	(-)	(-)	0.085	0	16.96	81.21
10	2018 年 7 月	S7-*f*	(-)	(-)	(-)	(-)	(-)	0.08	0	10.28	89.71
11	2018 年 10 月	S7-*u*	1.99	26.73	(-)	(-)	(-)	0.075	0.21	38.26	61.52

注：ρ_b为土体密度，w 为土体含水率，c 为土体内聚力，φ 为土体内摩擦角，k_s为土体渗透系数，D_{50}为中值粒径，CF 为黏土占比，MF 为粉砂质土占比，SF 为沙质土占比，位置一栏 u 表示边壁上部，m 表示边壁中部，l 表示边壁下部，f 表示滩面，b 表示潮沟底部。* 为三轴实验，其余组次为饱和土直剪实验。(-) 表示无数据或未检测。

在采样点附近，潮沟的岸壁高度在 0.1～1 m 范围内变化，且植被覆盖稀疏（图 2.2）。相邻滩面上测得的峰值流速为 0.5～1.0 *m/s*（Gong et al., 2017）。对采样土体进行土工参数测量，包括土壤密度（环刀法，精度至 0.1 g/m^3）、含水率（烘干法，精度至 0.1%）、内聚力及内摩擦角（重塑土的直剪实验，精度分别为 0.1 kPa 和 0.1°）以及饱和渗透系数（变水头法，精度 0.1×10^{-6} m/s）。此外，使用 Malvern Mastersizer 3000 粒度分析仪（误差范围小于 0.6%）获取了泥沙粒径及泥沙类别。结果表明，该区域的潮沟边壁由沙质土和粉砂质土构成，0.5 m 深度内无明显层化现象。土体内聚力、含水率（由于土体渗透系数的减小）和黏土含量自海向陆大幅增加，而土壤密度、内摩擦角、饱和渗透系数以及中值粒径则呈现相反趋势。

2.1.1.2　实验装置

考虑到现场的潮沟岸壁高度在 0.1～1 m 范围变化（图 2.2）且近岸流速为 0.4 m/s 左右，本书建立原型实验来研究边壁坍塌过程。边壁坍塌实验在长 25 m、宽 1.2 m、深 0.6 m 的玻璃水槽中进行，如图 2.3 所示。在水槽两端建有水箱，通过铁管连接，形成闭环。在水槽的下游端设置挡板，以控制水位。为削弱上游产生的紊流，将砾石和鹅卵石铺设在水槽的上游端。在水槽一侧，用有机玻璃建造边壁土重塑区，尺寸（长×宽×高）为3 m×1.2 m×0.6 m（图2.3a）。为促进土层压缩，用螺丝将一木板固定在重塑边壁区正前方（图2.3b）。当边壁重塑完成后，将前方木板小心移除。此外，为降低土体与木板间的摩擦，用塑料膜覆盖整个木板，以便边壁重塑后的木板移除。

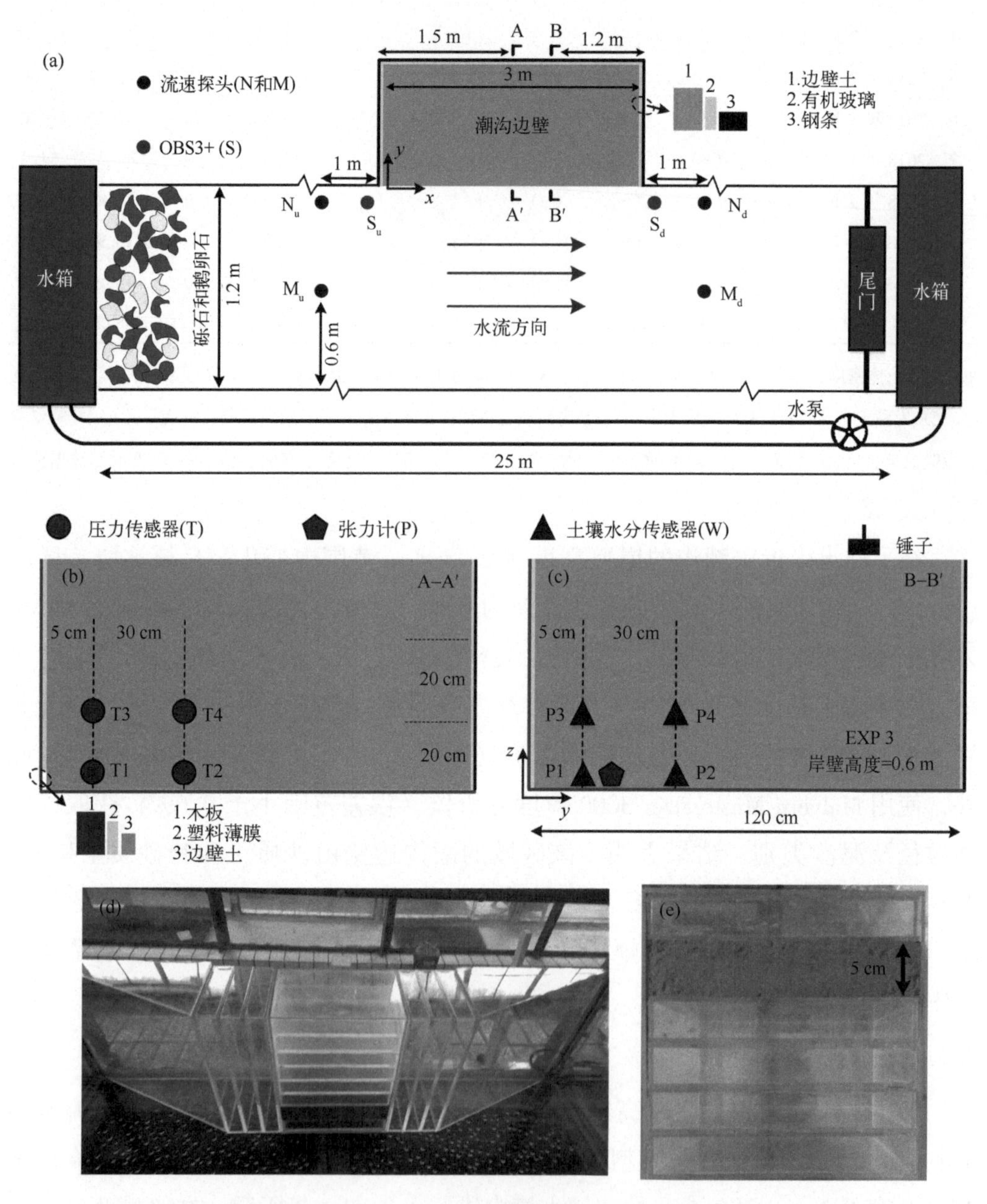

(a) 模型装置概化图；(b)(c) 重塑边壁侧视图；(d)(e) 边壁侵蚀速率测量装置。

图2.3　边壁坍塌水槽试验装置

参照 Nardi 等（2012）采用的方法，岸壁的重塑使用现场收集的潮沟边壁土壤，通过构建一系列 20 cm 高的土层逐步建造岸壁。对每一土层，填充 1 440 kg 土体以达到预设的土壤密度（2.0 g/cm^3）。土层的压缩采用表面积分别为 100 cm^{2}和 300 cm^{2}的手锤进行。在第一组实验过程中，由于手锤的连续击打，土壤产生液化现象，破坏了模型土体的比尺一致［更多细节见 Samadi 等（2013）和 Wood（2014）］。尽管尝试了很多其他办法，本研究还是舍弃了模型与现场之间土体性质的比尺一致，侧重于岸壁高度、水深对边壁稳定性的影响。为促进土层压缩、同时最大限度地降低土体液化的影响，在边壁重塑区背部设置众多直径为1 cm 的小孔，以排出多余水分。当土层压缩完成后，放置约 16 h，使其在自重作用下充分排水、固结。该方法得到的土壤密度（约 1.85 g/cm^3）比设计值（2.0 g/cm^3）略低，且含水率下降了 16.9%。当达到预设的岸壁高度，将土块再放置 60 h。本研究还考虑过 Nardi 等（2012）和 Francalanci 等（2013）推荐的静荷载压缩法，但很快排除了这个选项。首先，本研究的重塑边壁尺寸太大，需要多个静压板，在板的接合处，土体不充分压实。其次，采取静荷载压缩法几乎无法获得预设的土壤密度，重塑边壁在木板移除后可能立即发生坍塌破坏，见 Nardi 等（2012）。

边壁重塑完成后，在岸壁中间部分的前表面和上表面（x 轴方向为 0.3～2.7 m，见图 2.3a）分别绘制一系列白色正交网格线，网格线的间隔为纵向 0.1 m，横向 0.4 m，见图 2.4。这些网格线用于量化岸壁后退距离和边壁前表面的张拉破坏。不同于 Samadi 等（2013），在重塑边壁时，本研究没有释放重塑边壁土与水槽搭接处集中的土体应力。上述应力集中由土层压缩引起，可能引起边壁坍塌后产生的拱形岸线，如 Patsinghasanee 等（2017）的报道。为降低上述影响，本书仅采用边壁的中间部分（即带有白色网格线的岸壁）来分析坍塌模式及计算侵蚀后退速率。

在距重塑边壁上下游各 1 m 处放置旋桨式流速仪探头（CSY02-8，南京水利科学研究院制造，精度约为 0.01 m/s），用来记录近岸流速过程。为测量流经岸壁前后的水流含沙量变化，在边壁上下游分别安装了光学后向散射浊度仪（Optical Back Scattering，简称 OBS，本研究采用的型号为 OBS3+）。通过张力计、压力和土壤水分传感器测量边壁内部土壤的孔隙水压力、总应力和含水率，如图 2.5 所示。在 EXP 2 过程中，未使用土壤湿度传感器，且张力计安装在边壁背部（距离岸壁底部 5 cm 位置）。在 EXP 3～5 过程中，使用土壤湿度传感器，并且张力计安装在边壁的前表面附近（位置见图 2.5）。表 2.2 列出了上述 5 组实验过

图 2.4　重塑的边壁及网格线（以 EXP 3 为例）

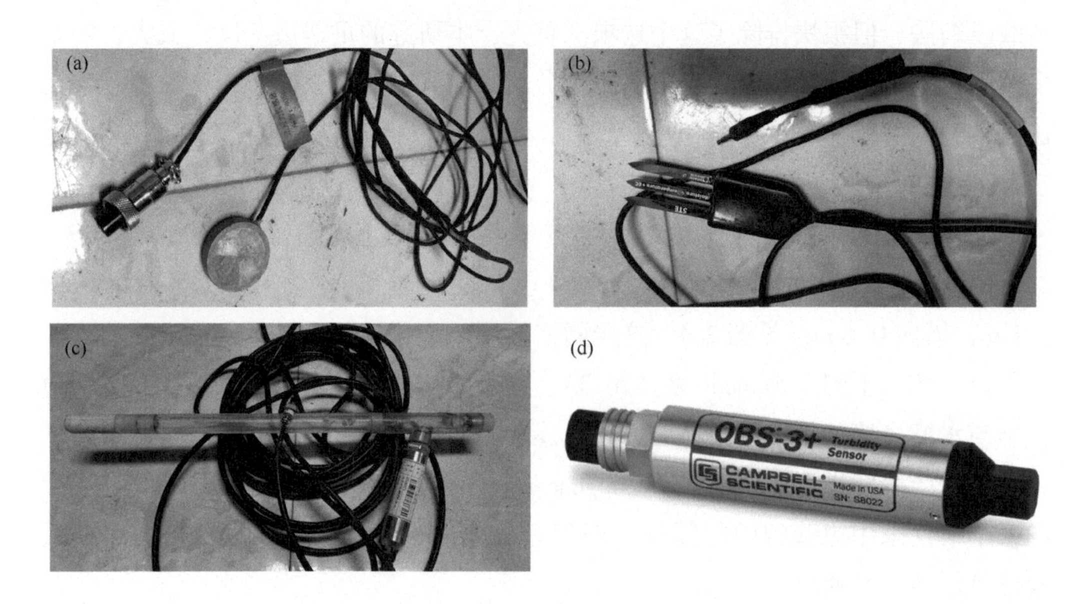

（a）土体压力传感器；（b）土壤水分传感器；（c）张力计；（d）OBS3+。

图 2.5　边壁坍塌水槽试验中使用的仪器

程中每种仪器的具体位置。为记录水流冲刷作用下的岸壁变形和坍塌过程，实验采用以下装置：①在重塑边壁正前方安置 SONY AX 45 型数码摄像机（分辨率为 3 840×2 160 像素），用于连续记录（每秒 24 帧）；②在重塑边壁正上方安置 SONY CX 680 型数码摄像机（分辨率为 1 920×1 080 像素）；③通过手机等移动设备记录小规模破坏（例如，边壁前表面的张拉破坏）。

表 2.2　坍塌水槽试验中仪器的位置

仪器编号	EXP 1			EXP 2			EXP 3~5		
	x/m	y/cm	z/cm	x/m	y/cm	z/cm	x/m	y/cm	z/cm
T1	(-)	(-)	(-)	150	5	0	150	5	0
T2	(-)	(-)	(-)	150	35	0	150	35	0
T3	(-)	(-)	(-)	150	5	20	150	5	20
T4	(-)	(-)	(-)	150	35	20	150	35	20
P1	(-)	(-)	(-)	100	120	30	180	5	0
P2	(-)	(-)	(-)	100	120	10	180	35	0
P3	(-)	(-)	(-)	300	22	30	180	5	20
P4	(-)	(-)	(-)	(-)	(-)	(-)	180	35	20
W	(-)	(-)	(-)	(-)	(-)	(-)	180	5	0
N_u	-100	-15	8	-100	-15	15	-100	-15	8
N_d	400	-15	8	400	-15	15	400	-15	8
M_u	-100	-60	15	-100	-60	30	-100	-60	15
M_d	400	-60	15	400	-60	30	400	-60	15
S_u	(-)	(-)	(-)	-30	0	15	-30	0	8
S_d	(-)	(-)	(-)	330	0	15	330	0	8

注：x，y，z 坐标系和仪器编号见图 2.3。

2.1.1.3　实验组次及数据采集

为研究落潮后期水位变化引起的坍塌模式差异，本研究共进行 5 组实验，分别设置不同的岸壁高度和近岸水深。在 EXP 1~3 中，岸壁高度设置为 0.6 m；在 EXP 4 和 EXP 5 中，岸壁高度分别降至 0.4 m 和 0.2 m。除 EXP 2 外（水深设为0.3 m），其他各组实验中近岸水深均设置为 0.15 m。土工参数变量，如实验前后土壤密度和含水率，列于表 2.3。基于现场测量的潮沟近岸水动力特征，实验过程中设置表层流速为 0.4 m/s。由于水槽底部坡度为 0，实验初期在尾门附近会产生“回流”。该现象会增强边壁正前方的湍流强度，引起显著的边壁侵蚀过程。为降低上述影响，实验初期采用小流量，直至水面淹没过尾门挡板后调为预设流量。

在每组实验过程中，分别采集边壁上下游水样以校准 OBS 3+。采样时间如下：①实验初期水流较为清澈时；②观察到明显的边壁侵蚀时，即水流浑浊，见图 2.9b-1；③观察到小规模破坏时，如岸壁前表面的张拉破坏；④坍塌土块被水流侵蚀导致含沙量显著增大时；⑤实验结束时。每组实验后，收集土壤样品以测量土工参数，包括土壤密度（环刀法，精度至0.1 g/m^3）、边壁顶部土壤含水率（烘干法，精度至 0.1%）、土体内聚力和内摩擦角（饱和土直剪试验，精度分别为 0.1 kPa 和 0.1°），以及饱和渗透率（降水头法，精度 0.1×10^{-6} m/s）。此外，用烘干法校准土壤湿度传感器。为了量化边壁坍塌对岸壁侵蚀后退速率的贡献，本研究自制仪器来测量不同变量组合下的边壁侵蚀速率（图 2.3d），变量包括流速、土壤密度和静水压力，该仪器分为一系列 5 cm 子层，以减少边壁坍塌的发生（图 2.3e）。根据实验前后仪器内土壤质量的差值，可计算出水流引起的边壁侵蚀速率。

上述收集到的实验数据，通过以下 4 个步骤进行处理和分析：①对观察到的边壁破坏类型进行系统性分类；②分析岸线变化；③分析土工参数的实时变化，包括土体总应力、孔隙水压力和含水率；④分析水沙参数的实时变化，即流速和含沙量。

表 2.3　实验前后土体性质变化

EXP	H_b/m	H_w/m	ρ_b/ (g·cm^{-3})	ω/% 实验前	ω/% 试验后	c/kPa	φ/（°）	k_s/ (10^{-6} m·s^{-1})
1	0.6	0.15	1.84	22.8	26.11	12.01	30.59	(-)
2	0.6	0.3	1.86	22.79	29.51	2.2[a]	31.06[a]	1.58
3	0.6	0.15	1.84	21.02	(-)	3.8[a]	32.86[a]	4.19
4	0.4	0.15	1.88	22.91	26.22	(-)	(-)	(-)
5	0.2	0.15	1.83	21.5	33.16	(-)	(-)	3.05

注：H_b为岸壁高度；H_w为近岸水深；ρ_b为土体密度；ω 为土体含水率；c 为土体内聚力；φ 为土体内摩擦角；k_s为土体渗透系数；a 表示饱和土试样直剪试验。

2.1.2　边壁坍塌数学模型

2.1.2.1　控制方程

本研究采用弹性力学模型来模拟边壁土体在水流侵蚀作用下的应力分布（Fung et al., 2001），模型的部分代码见附录 A。弹性力学模型的控制方程包含 Navier 方程、Cauchy 方程以及土体本构模型（描述土体应力与应变之间的关系）。对于图 2.6 所示的岸壁剖面，二维弹性力学方程可表示为

$$\begin{cases} \dfrac{\partial \sigma_x}{\partial x} + \dfrac{\partial \tau_{xz}}{\partial z} + X = 0 \\ \dfrac{\partial \sigma_z}{\partial z} + \dfrac{\partial \tau_{xz}}{\partial x} + Z = 0 \end{cases} \tag{2.1}$$

$$\begin{cases}\varepsilon_x = \dfrac{\partial D_x}{\partial x} = \dfrac{1}{E}(\sigma_x - \mu\sigma_z) \\ \varepsilon_z = \dfrac{\partial D_y}{\partial z} = \dfrac{1}{E}(\sigma_z - \mu\sigma_x) \\ \gamma_{xz} = \dfrac{\partial D_x}{\partial z} + \dfrac{\partial D_y}{\partial x} = \dfrac{2(1+\mu)}{E}\tau_{xz}\end{cases} \tag{2.2}$$

式中，x 和 z 为笛卡儿坐标系下坐标（m）分别指向 i 和 j 的两个方向；σ_x为沿 i 方向的法向应力（Pa）；ε_x为沿 i 方向的无量纲法向应变；τ_{xz}为 ij 平面上的剪应力（Pa）；γ_{xz}为 ij 平面上无量纲剪应变；D_x和 D_y分别是沿 i 和 j 方向上的位移（m）；E 为弹性模量（Pa）；μ 为泊松比；X 和 Z 分别为作用在 i 和 j 方向上的外部荷载（kN）。关于应力、应变的详细介绍，请参见附录 B。土体在不同外力条件下会表现出复杂的行为，因此没有任何一种本构模型可以完全反映出土体在所有条件下的真实行为（Samadi et al., 2013）。本书采用广泛应用的线弹性本构模型，即应力与应变线性相关（Simon et al., 2001）。因此，本研究中弹性模量和泊松比在计算过程中保持不变。

在潮间带区域，潮沟边壁经历周期性的淹没过程。为简化问题，本研究假定土壤始终为饱和状态，因此不考虑由于水位变化引起的孔隙水压力变化。关于周期性水位变化产生的影响，已在第 1.2.1.4 节中详细讨论。在水流冲刷作用下，部分边壁土体会被移除，剩余岸壁会受到额外的作用力，这个力被称为开挖荷载。模型中考虑的外力包括边壁土的重力、水体浮力以及开挖荷载（图 2.6）。开挖荷载采用 Mana 公式计算（Mana et al., 1981）：

$$\sum_{e=1}^{NE}\int_{Ve}[\boldsymbol{B}_e]^{\mathrm{T}}[\sigma_e]\,\mathrm{d}V = \sum_{e=1}^{NE}\int_{Ve}[\boldsymbol{N}_e]^{\mathrm{T}}[\boldsymbol{f}_e]\,\mathrm{d}V + P \tag{2.3}$$

式中，V_e 为土体单元体积；$\boldsymbol{B}_e$为基于节点坐标的无量纲单元应变矩阵，反映土体单元应变与节点位移的关系；$\boldsymbol{\sigma}_e$ 为土体单元应力；$\boldsymbol{N}_e$为无量纲单元形函数矩阵；$\boldsymbol{f}_e$为体积力（kN）；P 为施加于剩余岸壁的作用力，即开挖荷载（kN）；NE 为被侵蚀部分的网格节点数。

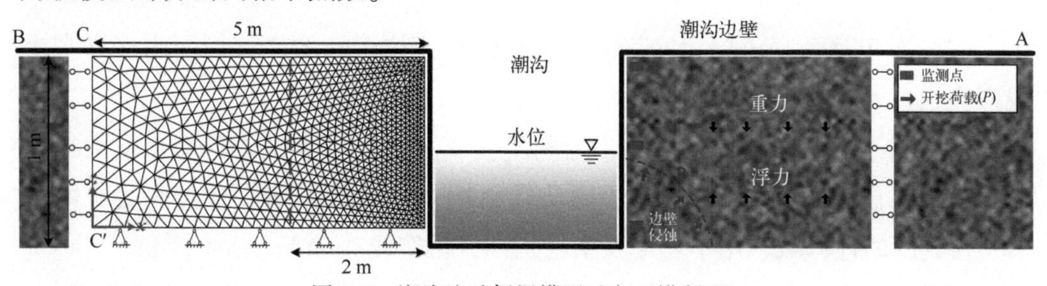

图 2.6　潮沟边壁坍塌模型示意（横断面）

对于饱和土（Fung et al., 2001），采用经典的 Mohr-Coulomb 准则来判断土体单元是否发生剪切破坏：

$$F = \sigma_1' - \sigma_3' - (\sigma_1' + \sigma_3')\sin\varphi' - 2c' \cdot \cos\varphi' \tag{2.4}$$

式中，F 为基于 Mohr-Coulomb 破坏准则的指标（如果 F 大于 0，表示土体单元发生剪切破坏）；σ_1'和σ_3'分别为有效大、小主应力（kPa）；c'为土体有效内聚力（kPa）；φ'为有效内摩擦角（°）。土体的负应力表示处于受拉状态。关于有效应力和总应力的差异，请参见附录 B。

针对土体单元张拉破坏，设定抗拉强度进行判断：

$$\sigma_t = -k_{re} \cdot c' \cdot \cot\varphi' \tag{2.5}$$

式中，σ_t为土体抗拉强度（kPa）；k_{re}为无因次折减系数，与土体性质有关。一旦土体单元发生剪切或张拉破坏，破坏单元的应力会被修正，弹性模量被设为极小值。破坏单元的应力修正方法如下。

张拉破坏修正：当土体单元承受的拉力超过抗拉强度时，将σ_3修正为$\sigma_3=0$，即拉破坏后土体单元不再承受拉应力。

剪切破坏修正：若计算应力圆超过 Mohr-Coulomb 破坏准则时，将应力圆修正到破坏线内。剪切破坏修正假定（$\sigma_x+\sigma_y$）/2 和主应力方向角不变，修正前后莫尔圆同心，修正公式见文献（殷宗泽 等，1982；殷宗泽，1996）。

2.1.2.2 求解方法

坍塌模型的计算域在横向上设置为 5 m，以减少侧向边界对应力分布的影响，即图 2.6 中CC'。采用渐变的非结构网格对计算域进行离散，在边壁坡脚处具有更高的分辨率。当部分边壁被水流侵蚀，需及时调整岸壁的边界以及坍塌模型的计算域。本研究自主发明了可移动边界技术，分 3 个步骤实施，如图 2.7 所示：

（1）在每个时步长内，根据边壁侵蚀引起的岸壁后退距离，计算出新的岸壁剖面（例如，实线 A-A1-A2 是初始岸壁剖面，虚线 B-B1 是侵蚀后的岸壁剖面）；

（2）对于每个三角单元网格节点，判断是否位于新的岸壁剖面内（即在虚线内侧）；

（3）对于每个三角单元网格，判断所有 3 个网格节点是否都超出新的岸壁剖面（即在虚线外侧），如果是，则从计算域中删除该网格。检查完所有网格后，得到新的计算域，用于坍塌模型（例如，粗实线 A-A2）。

二维弹性力学方程［式（2.1）和式（2.2）］采用有限单元法进行求解。

关于有限单元法的离散和求解过程，请参见文献（王勖成 等，1997）。模型的边界条件做如下设置：模型底部在水平和垂直方向上均不可移动，为非变形边界；左侧（即图 2.6 中 CC′）在水平方向上固定，但允许垂向的变形。一旦边壁坍塌发生，则重置计算域，以保证坍塌模型的计算域在横向上始终为 5 m。

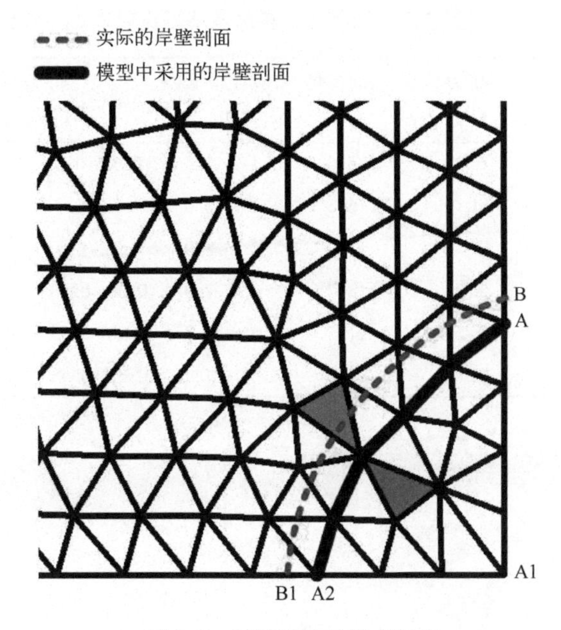

图 2.7　可移动边界技术示意

2.1.2.3　模型验证

Samadi 等（2013）使用内部尺寸（长×高×宽）为 2 m×1 m×1 m 的物理模型来探究人为开挖造成的边壁破坏过程。在上述实验中，分别使用粉砂和黏土构建岸壁。边壁的尺寸（长×高×宽）为 1 m×0.8 m×1 m，相应的土工参数列于表 2.4。考虑到 Samadi 等（2013）用人工开挖来取代水流侵蚀过程，无须考虑沟渠水流入渗过程以及土体的饱和态与非饱和态之间的转化，因此被应用于坍塌模型的验证。网格离散采用第 2.1.2.2 节所述方法。考虑到黏土相较于粉砂具有更强的抗拉性能，黏土的折减系数 k_{re} 设置为 0.2，而粉砂设置为 0.1。其他土工参数根据表 2.4 进行设置。

图 2.8 显示了坍塌模型复演的每组实验破坏区域，以及实验观察的和数学模型预测的破坏面对比。在所有 6 组实验中，破坏面均穿过坍塌模型预测的张拉破坏区，并相交于岸壁顶部张拉破坏区的中点。对于低内聚力的黏土边壁，数学模型预测的破坏面与实验观察到的破坏面十分吻合（图 2.8a）。随着土体内聚力的

降低，预测的和观察到的破坏面吻合度变低（图 2. 8a~c）。对于粉砂质边壁，预测的破坏面与观测到的破坏面有些差异，观察到的破坏区面积大于预测值（图 2. 8d~f）。随着土壤内聚力的增加，破坏区面积和触发坍塌所需的开挖宽度也随之增加。此外，剪切破坏区面积随着土壤内聚力的增大而减小。

表 2.4　模型验证采用的土工参数及坍塌贡献率 C_{bc} 对比

组次	土质	干密度/ (g · cm^{-3})	内聚力/ kPa	内摩擦角 (°)	弹性模量/ MPa	泊松比	实验 C_{bc}/%	模型 C_{bc}/%
a	黏土	1.5	6.0	15.0	1.2~2.4	0.32~0.4	85.2	85.54
b	黏土	1.7	14.0	16.5	1.8~5.0	0.32~0.4	83.97	82.79
c	黏土	1.8	17.0	17.0	2.4~8.0	0.32~0.4	83.57	79.84
d	粉砂	1.4	2.0	18.0	4.0~7.0	0.30~0.36	97.29	94.9
e	粉砂	1.5	2.5	21.5	6.0~8.0	0.30~0.35	96.47	90.42
f	粉砂	1.6	4.5	24.0	8.0~10.0	0.33~0.43	87.6	84.29

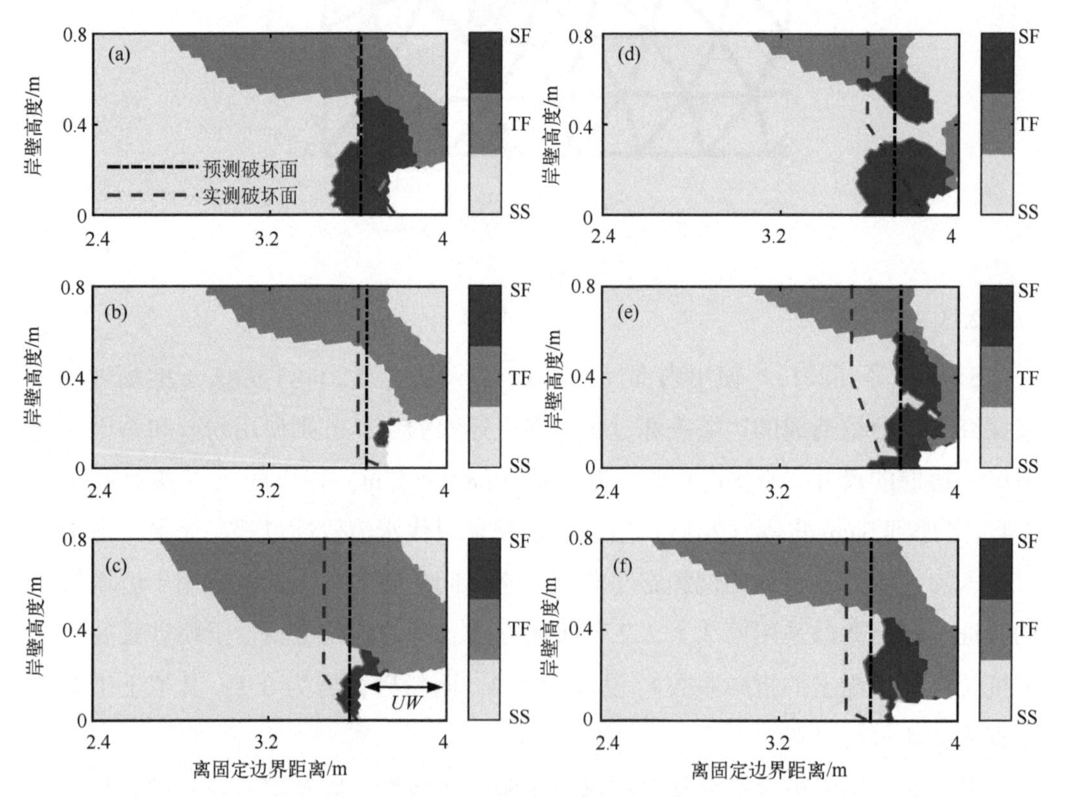

SF 表示土体单元剪切破坏；TF 表示土体单元张拉破坏；SS 表示土体单元稳定状态；

点划线和虚线分别表示数值模拟和物理实验得到的坍塌破坏面；*UW* 为底蚀宽度；

(a)~(c) 为黏土边壁；(d)~(f) 为粉砂质土边壁。

图 2.8　实验观察的和数学模型预测的破坏面对比

表 2. 4 分别给出了数值模型和物理实验得出的边壁坍塌对岸壁侵蚀后退的贡献百分比，即坍塌贡献率 C_{bc}（剩余贡献百分比由水流侵蚀造成）。C_{bc} 的计算使用以下公式：

$$C_{bc} = D_{\text{collapse}} / D_{\text{retreat}} \times 100\% \tag{2.6}$$

式中，边壁后退距离 D_{retreat} 根据坍塌后的岸壁剖面位置计算，由体积守恒来确定新的边壁剖面位置，见图 2. 8；D_{collapse} 为边壁坍塌引起的岸壁后退距离，由岸壁侵蚀后退距离和边壁侵蚀距离的差值确定。在该组实验中，水流侵蚀引起的岸壁后退距离由人为开挖过程计算。结果表明，数值模型可以很好地预测物理实验观察到的坍塌贡献率。黏土质边壁的坍塌贡献率大于粉砂质边壁（坍塌频率低，单次破坏规模大），表明黏土岸壁比粉砂岸壁更加稳定。

2. 2　边壁坍塌过程

水槽试验中边壁坍塌过程以及破坏类型见图 2. 9 和表 2. 5。本节对每组试验进行详细叙述。

EXP 1（岸壁高度 $H_b = 0.6$ m，近岸水深 $H_w = 0.15$ m，相对水深 $H_w/H_b = 0.25$）。实验开始后约 11 min（定义实验开始时间为：岸壁开始被水流淹没），观察到边壁左下部出现裂缝，产生局部变形。约 30 s 后（实验时间：11 min 39 s），裂缝下方土体在自重作用下脱落，发生小规模张拉破坏（图 2. 9a-1）。在接下来的 7 min 内，边壁下部出现一系列裂缝，随后发生小规模的张拉破坏。上述张拉破坏形成了边壁表面的凹形空腔结构。随后，由于基质吸力的降低和土体容重的增加，凹腔形边壁的表面土体开始脱落。实验开始后 25 min 37 s，边壁中部出现长直裂缝并发生大规模张拉破坏，产生的坍塌泥沙堆积在坡脚处（图 2. 9a-2）。在随后的 8 min 内，观察到一系列张拉破坏，形成悬臂状剖面结构。由于悬臂结构极不稳定，边壁顶部随后出现裂缝，发生绕轴破坏（实验时间：39 min 57 s，图 2. 9a-3）。54 min 31 s 时，边壁再次发生绕轴破坏。此后直到实验结束，没有发生其他破坏（图 2. 9a-4）。因为 EXP 1 没有使用仪器探头测量土体参数，可作为对照案例，研究探头对边壁破坏类型的影响。

EXP 2（岸壁高度 $H_b = 0.6$ m，近岸水深 $H_w = 0.3$ m，相对水深 $H_w/H_b = 0.5$）。当表层流速达到设计值 0. 4 m/s 时，观察到岸壁前方水流含沙量大幅增加

（图 2. 9b-1）。实验开始后 15 min 18 s，边壁左下部发生小规模张拉破坏，表面形成凹形空腔结构（图 2. 9b-2）。随后（实验时间：15 min 49 s），边壁顶部形成长、深裂缝（图 2. 9b-3），引起大规模绕轴破坏。上述破坏过程使得岸壁整体后退约 0. 2 m，坍塌的泥沙逐渐转变为边壁坡脚，削弱近岸流速，为岸壁提供掩护作用（图 2. 9b-4）。实验开始后 24 min 43 s 至 29 min 49 s 之间，观察到一系列小规模张拉破坏，逐步降低边壁的稳定性（图 2. 9b-5）。因此，边壁右侧发生绕轴破坏（实验时间：33 min 22 s），产成的坍塌泥沙露出水面，直接掩护边壁坡脚免受水流侵蚀（图 2. 9b-6）。在随后的 16 min 内，坍塌的泥沙逐渐被水流侵蚀。实验开始后 49 min 40 s，边壁左侧再次观察到绕轴破坏（图 2. 9b-7）。实验结束后，岸壁剖面由平缓的斜坡区域（坡脚）和陡坎组成，与现实潮沟剖面形态十分吻合（图 2. 2a）。

EXP 3（岸壁高度 $H_b = 0.6$ m，近岸水深 $H_w = 0.15$ m，相对水深 $H_w/H_b = 0.25$）。实验开始后 15 min 18 s，观察到一系列小规模张拉破坏（图 2. 9c-1）。在 18 min 19 s 和 19 min 38 s 时，边壁中部分别发生两次大规模张拉破坏，显著改变了岸壁的剖面结构（图 2. 9c-2）。14 min 后（实验时间：34 min 5 s），在边壁顶部出现一系列裂缝，随即发生绕轴破坏，引起边壁的最大后退距离约为 0. 4 m（图 2. 9c-3）。在坍塌泥沙的掩护下，直到实验结束也没有观察到其他破坏（图 2. 9c-4）。该实验观察到的边壁破坏类型与 EXP 1 相同，表明仪器的安置对破坏类型的影响可忽略不计。

EXP 4（岸壁高度 $H_b = 0.4$ m，近岸水深 $H_w = 0.15$ m，相对水深 $H_w/H_b = 0.375$）。实验开始后 4 min 26 s，观察到明显的边壁侵蚀现象，具体表现为近岸水流浑浊度的提高（图 2. 9d-1）。在随后的 13 min 内，观察到连续的边壁坍塌过程，包括具有水平和拱形破坏面的张拉破坏（图 2. 9d-2），以及破坏面尖端的土体脱落（图 2. 9d-3）。上述过程开始于不同土层的分界处（见第 2. 1. 1. 2 节），可能是因为土体的不均匀压缩所致（Nardi et al., 2012）。随后，观察到 4 组绕轴破坏，分别发生在 18 min 1 s、22 min 41 s、35 min 47 s 和 47 min 28 s，期间伴随着小规模的张拉破坏（图 2. 9d-4 至图 2. 9d-7）。以上的破坏范围沿水流方向约为 1 m，边壁的最大后退距离小于 0. 2 m。虽然边壁的破坏模式与之前实验组次相同（即边壁中下部发生的张拉破坏和随后发生的绕轴破坏），岸壁高度的降低似乎增强了边壁的稳定性。例如，EXP 4 中边壁坍塌引起的岸壁后退距离约为 EXP 3 的一半。与之前实验组次类似，最终的岸壁剖面形态由平缓的坡脚和陡坎组成。

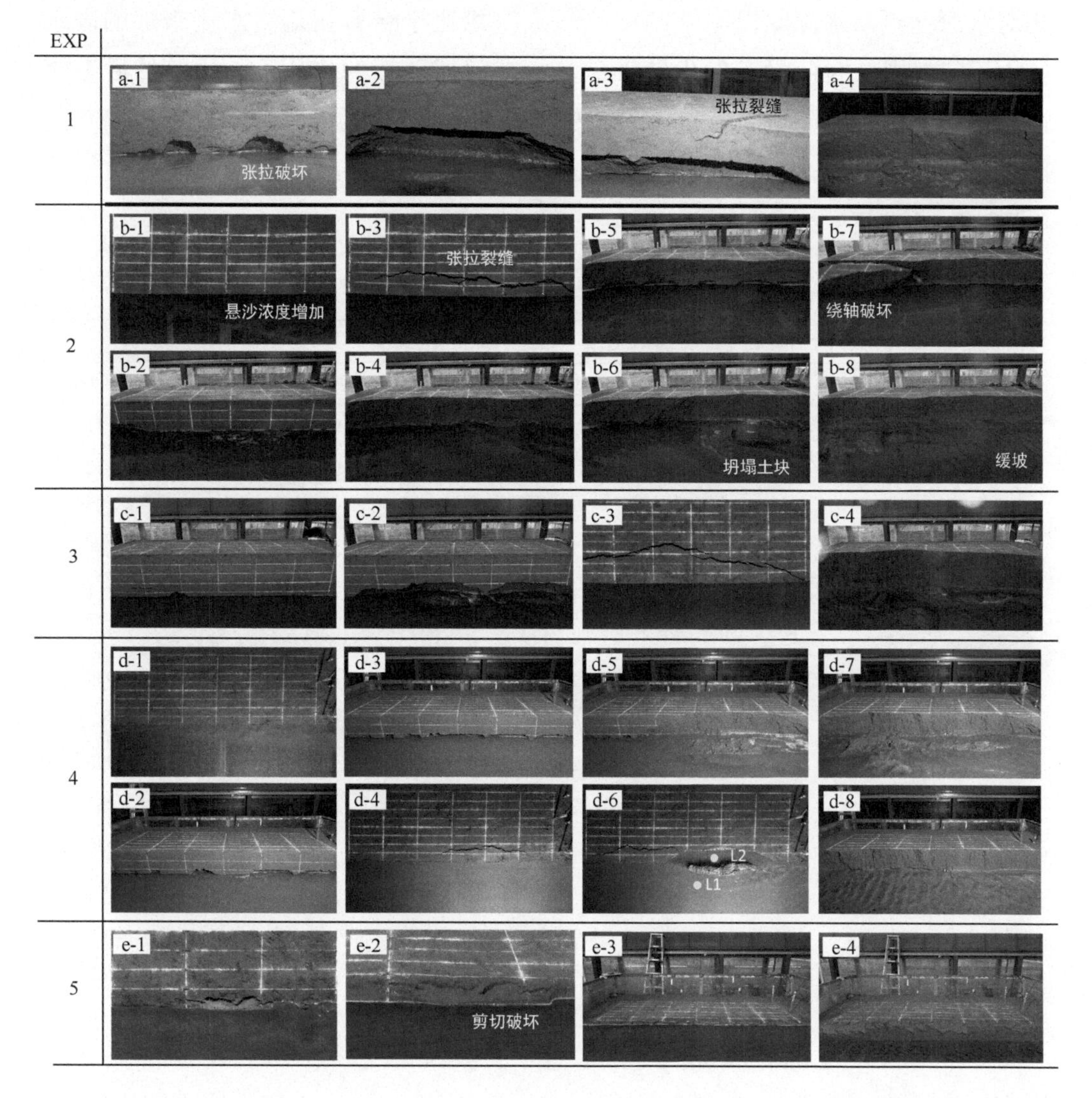

（a）岸壁高度为 0.6 m，水深 0.15 m；（b）岸壁高度为 0.6 m，水深 0.3 m；（c）岸壁高度为 0.6 m，水深0.15 m；（d）岸壁高度为 0.4 m，水深 0.15 m；（e）岸壁高度为 0.2 m，水深 0.15 m。

图 2.9　水槽试验中岸壁剖面的演变过程

EXP 5（岸壁高度 $H_b=0.2$ m，近岸水深 $H_w=0.15$ m，相对水深 $H_w/H_b=0.75$）。不同于前 4 组实验，EXP 5 中没有观察到岸壁前表面的张拉破坏，可能是由于较小的悬臂尺寸（悬臂高度小于 0.05 m）。相反的，边壁顶部首先出现裂缝（图 2.9e-1），随后裂缝外的土体沿着垂直或倾斜面缓慢滑入水中（图 2.9e-2）。上述破坏类型称为悬臂剪切破坏，通常发生在岸壁高度较小、水深较大的小尺度潮沟（图 2.2c～d）。剪切破坏仅在 EXP 5 期间被观察到，其行为与盐沼滩土体蠕变类似，但土体具有更快的下滑速度（Mariotti et al.，2019）。由于相对水深（近岸水深除以岸壁高度）较大，相比于悬臂扭矩，水流施加的静水压力不容忽视，因此没有发生绕轴破坏。在剪切破坏的作用下，边壁的后退缓慢且平行，没有出现局部突变（图 2.9e-3）。直到实验结束，观察到超过 50 组次的剪切破坏，最终的岸壁剖面形态由平缓的坡脚以及可忽略的陡坎组成（图 2.9e-4）。

表 2.5　水槽试验中边壁坍塌类型及发生时间

	EXP 1		EXP 2		EXP 3		EXP 4	
	破坏类型	时间/s	破坏类型	时间/s	破坏类型	时间/s	破坏类型	时间/s
1	SF	699	SF	918	SF	918	SF	611
2	SF	790	LF	949	SF	943	SF	632
3	SF	855	SF	1 483	SF	1 018	SF	657
4	SF	875	SF	1 597	SF	1 099	SF	665
5	SF	897	SF	1 646	SF	1 178	SF	711
6	SF	983	SF	1 747	SF	1 388	SF	797
7	SF	1 108	SF	1 789	SF	1 531	SF	839
8	SF	1 114	LF	2 002	SF	1 560	SF	866
9	SF	1 118	SF	2 461	LF	2 045	SF	896
10	SF	1 280	LF	2 980			SF	964
11	SF	1 330					SF	979
12	SF	1 359					SF	1 055
13	SF	1 390					LF	1 081
14	SF	1 550					SF	1 112
15	SF	1 626					LF	1 361
16	SF	2 007					LF	2 147
17	LF	2 397					LF	2 848
18	LF	3 271						

注：SF 表示小规模破坏，如张拉破坏；LF 表示大规模破坏，如绕轴破坏。

2.3　坍塌时段水沙特征

2.3.1　流速、含沙量过程

各组次实验记录的流速过程见图 2.10。水槽中部和近岸流速分别在 M 和 N 点进行测量，具体位置见图 2.3 和表 2.2。在每组实验初期，由于流速的垂向分层，表层流速接近 0.4 m/s（M 点，图 2.10 中边壁上游曲线），中间层流速降至

0.3 m/s 左右（N 点）。下面对每组实验，分别描述流速、含沙量对边壁坍塌的响应过程。

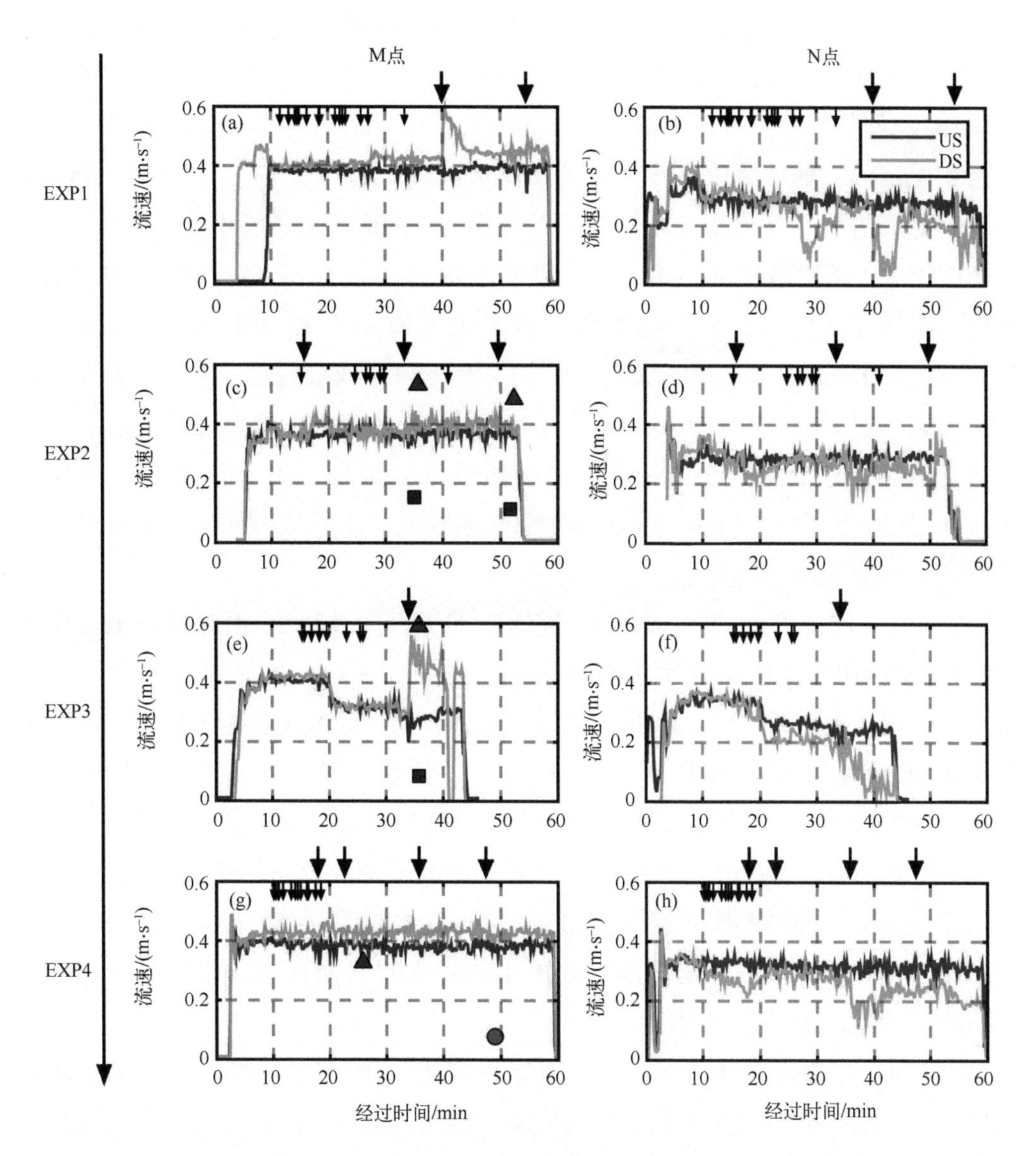

US 表示边壁上游，DS 表示边壁下游，箭头表示发生边壁坍塌，较大的箭头表示发生绕轴破坏，较小的箭头表示发生张拉破坏，三角形和正方形符号分别表示坍塌泥沙前沿和背部的水流速度，具体位置见图 2.9d-6 中的 L1 和 L2，圆圈表示平缓坡脚处。

图 2.10　水槽试验中流速对边壁坍塌的响应

EXP 1（岸壁高度 $H_b = 0.6$ m，近岸水深 $H_w = 0.15$ m，相对水深 $H_w/H_b = 0.25$）。在实验的前 20 min，岸壁上下游的流速值相当。随后，发生几次大规模张拉破坏，岸壁前沿逐渐形成平缓坡脚（图 2.9a-2），导致水流向水槽中部汇聚。因此，在岸壁下游，观测到水槽中部流速略有提升。此后，靠近下游边界的岸壁发生大规模张拉破坏，导致近岸流速从 0.3 m/s 急剧下降至 0.1 m/s（实验时间：27 min 6 s）。坍塌泥沙在随后 10 min 内被逐渐侵蚀，因此流速逐步回升（图 2.10b 边壁下游曲线）。实验开始后 39 min 57 s，边壁右侧发生绕轴破坏（图 2.9a-3），使得水槽中部流速从 0.4 m/s 增加到 0.6 m/s；近岸流速从 0.3 m/s 降低至 0.05 m/s，随后流速逐步恢复到初始值。约 15 min 后（实验时间：54 min 31 s），边壁左侧再次发生绕轴破坏，对流速过程的影响可忽略不计。

EXP 2（岸壁高度 $H_b=0.6$ m，近岸水深 $H_w=0.3$ m，相对水深 $H_w/H_b=0.5$）。不同于 EXP 1，坍塌的发生对流速过程影响不大。因为近岸水深较大（0.3 m），坍塌的泥沙或被水流淹没（图 2.9b-4），或被侵蚀（图 2.9b-6 和图 2.9b-7），随即转化为岸壁坡脚（图 2.9b-8）。同时测量了坍塌泥沙前沿和背部的水流速度，分别由图 2.10c 中三角形和正方形符号表示（传感器位置见图 2.9d-6 中 L1 和 L2）。由于坍塌泥沙背部流速较低，岸壁坡脚处没有发生进一步侵蚀。

EXP 3（岸壁高度 $H_b=0.6$ m，近岸水深 $H_w=0.15$ m，相对水深 $H_w/H_b=0.25$）。实验初期发生了几次小规模破坏（图 2.9c-1），但岸壁上下游的流速值大致相同。实验开始后 20 min，尾门被意外移动，导致流速显著降低。随后发生一系列大规模张拉破坏（图 2.9c-2），引起边壁下游近岸流速的降低（图 2.10f）。34 min 5 s 时，观察到边壁整体的绕轴破坏，显著影响流场分布。与 EXP 1 类似，坍塌泥沙分别导致水槽中部流速的增加和近岸流速的降低。例如，破坏发生后，水槽中部流速从 0.3 m/s 大幅增加到 0.55 m/s（图 2.10e）。与 EXP 2 相比，更多的坍塌泥沙导致更小的过水断面面积，因此流速增幅高达 0.4 m/s（图 2.10e 中三角形）。

EXP 4（岸壁高度 $H_b=0.4$ m，近岸水深 $H_w=0.15$ m，相对水深 $H_w/H_b=0.375$）。实验初期，边壁形成平缓的坡脚，因此边壁下游的流速逐渐增加。相反的，在坍塌泥沙的影响下，近岸流速先减小后增加。实验开始后 35 min 47 s，岸壁下游边界处发生绕轴破坏，导致了边壁下游近岸流速的大幅下降。随后发生 4 组绕轴破坏，对下游流速的影响可忽略不计，表明流速对坍塌的响应取决于坍塌发生的位置。实验结束时，由于平缓坡脚的存在，近岸（图 2.10g 中圆圈）流速降低到 0.08 m/s 左右。

边壁上游和下游的悬沙浓度（SSC）对边壁坍塌的响应过程见图 2.11。在每组实验初期，边壁下游的 SSC 远大于上游的观测值。张拉破坏和剪切破坏可大幅增加下游 SSC，特别是当坍塌泥沙露出水面时。因为坍塌的泥沙比边壁泥沙更易侵蚀，当其露出水面时，SSC 会显著增加。因此，边壁坍塌发生后，下游 SSC 先增加到峰值，随后逐渐回落。以 EXP 2 为例，实验开始后 33 min 30 s，SSC 从 1.5 kg/m^3 急剧增加到 20 kg/m^3，随后逐渐回落到 2 kg/m^3，且随着实验继续，SSC 持续降低，如图 2.11a 所示。在 EXP 5 中，下游 SSC 甚至低于上游。该现象可能是因为形成平缓坡脚（图 2.10g 中圆圈），使得边壁侵蚀难以进行。

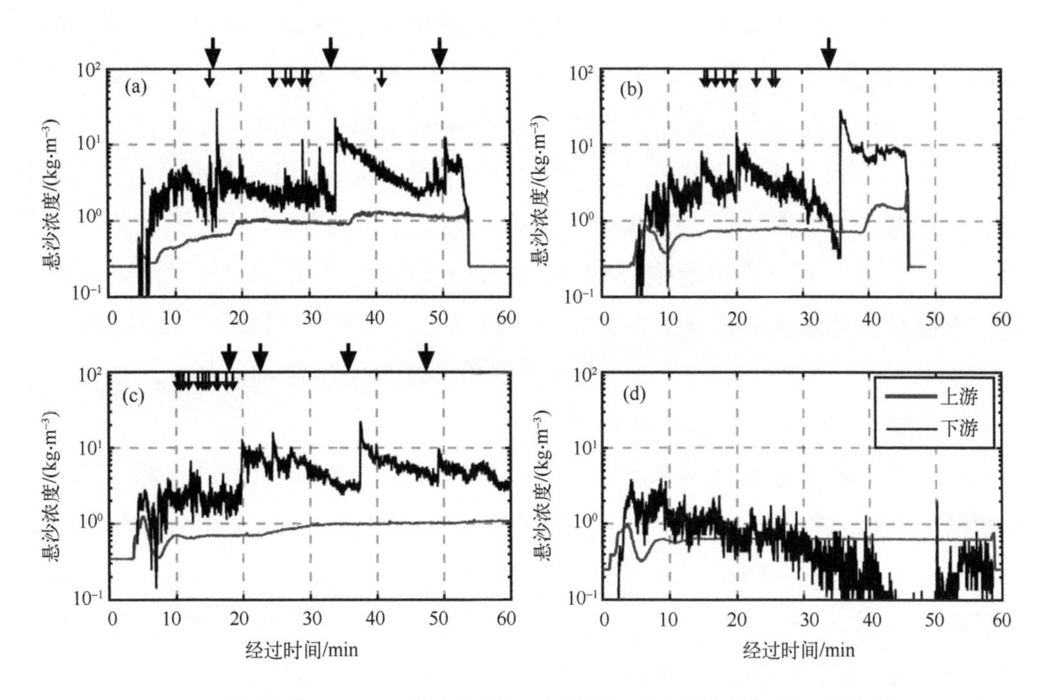

（a）~（d）分别表示 EXP 2~5，箭头表示发生边壁坍塌，较大的箭头表示发生绕轴破坏，较小的箭头表示发生张拉破坏。

图 2.11　水槽试验中边壁上游和下游悬沙浓度对坍塌过程的响应

2.3.2　土体总应力、孔隙水压力、含水率过程

边壁坍塌过程中土体总应力、孔隙水压力及含水率变化见图 2.12。下面分别对每组实验进行详细叙述。

EXP 2（岸壁高度 $H_b=0.6$ m，近岸水深 $H_w=0.3$ m，相对水深 $H_w/H_b=0.5$）。在实验的前 5 min，岸壁坡脚被水流侵蚀，因此 T1 处测得的土体应力呈现增加趋势，见图 2.12a。随后，T1 和 T3 间的土体被水流侵蚀，引起该处土体应力的持续降低。相较于 T3，因为侵蚀的泥沙会部分沉积在 T1 上，T1 的土体应力

略大于0。实验的前15 min，在岸壁前方水流入渗的作用下，T2和T4处的应力值缓慢增加。因为近岸水深约为0.3 m，T2和T4周边土体可能达到饱和状态。15 min 49 s时发生绕轴破坏，土体的应力随即释放，具体表现为T2和T4处应力值的陡降。随后，由于水流入渗，T2和T4处的应力值持续增加。因为仪器在实验开始后29 min意外损坏，无后续的土体应力数据。在水流入渗的作用下，孔隙水压力随时间缓慢增加（图2.12b）。因张力计安装在边壁背部，P1、P2和P3处测值均小于零，表明土体尚未到达饱和状态。

EXP 3（岸壁高度 $H_b=0.6$ m，近岸水深 $H_w=0.15$ m，相对水深 $H_w/H_b=0.25$）。土体总应力的变化趋势与EXP 2相同，除了T4处应力缓慢增加（图2.12c）。此外，孔隙水压力随含水率增加而增加（图2.12d），且P1和P3处测值远大于P2和P4处。孔隙水压力曲线的波动是因为：①塌落土块引起的水面晃动；②张力计与土体的不充分接触。实验开始后12 min，P1处的孔隙水压力变为正值，表明周围土体接近饱和状态，此时土体含水率为41.4%。由于土块脱落，土壤水分传感器部分暴露在空气中，测得的含水率逐渐降低。在34 min 5 s，边壁中下部P3处测得的孔隙水压力达到峰值，随后发生绕轴破坏，表明基质吸力对边壁稳定性有着不容忽视的作用。

EXP 4（岸壁高度 $H_b=0.4$ m，近岸水深 $H_w=0.15$ m，相对水深 $H_w/H_b=0.375$）。和前几组实验一致，T1处测得的土体应力先增加后减少，如图2.12e所示。实验开始后10 min，P1处的孔隙水压力变为正值，随即发生一系列张拉破坏，见图2.12f。张拉破坏促进悬臂结构的形成，引起T3处应力的增加（T3刚好位于悬臂的端点）。同时，边壁中部土体的孔隙水压力P3逐渐增加，削弱土体强度。随后，发生绕轴破坏，并观察到T3处应力的急剧下降。在35 min 47 s，张力计在P3处随坍塌土体一起落入水中，引起P3处孔隙水压力的大幅增加。实验测得的土体饱和含水率为39.4%。

EXP 5（岸壁高度 $H_b=0.2$ m，近岸水深 $H_w=0.15$ m，相对水深 $H_w/H_b=0.75$）。土体总应力的变化趋势与前几组实验类似，如图2.12g所示，此处不再赘述。实验初期，观察到P1处孔隙水压力的持续增加，随即发生一系列剪切破坏。此后，张力计在P1处落入水中，无后续孔隙水压力数据。实验开始后30 min，P2处的孔隙水压力开始增加，显示出较差的土体透水性能。测得的含水率（约35%）显著低于前几组实验，可能是因为土壤水分传感器与土体的接触不够充分或土体局部含水量分布不均。

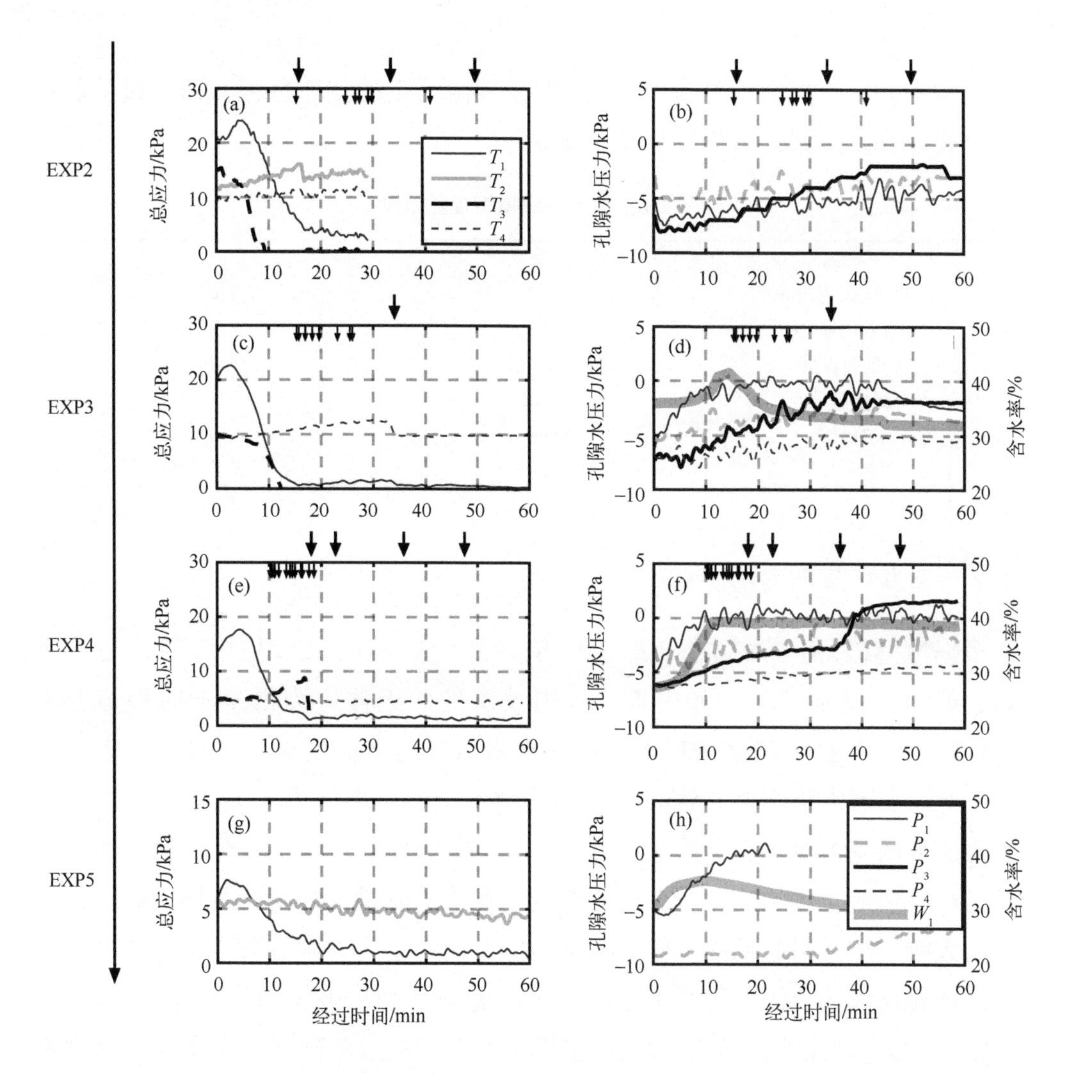

T 表示土体总应力；*P* 表示土体孔隙水压力；*W* 表示土体含水率；箭头表示发生边壁坍塌，
较大的箭头表示发生绕轴破坏，较小的箭头表示发生张拉破坏。

图 2.12　水槽试验中土体总应力、孔隙水压力及含水率对边壁坍塌过程的响应

2.4　边壁坍塌的力学机理

为研究边壁侵蚀作用下岸壁土体应力、应变发展趋势，本节通过应力-应变数值模型，阐明边壁坍塌过程中的应力变化过程及土体单元状态，模型介绍见第 2.1.2 节。

2.4.1 模型设置

模型中的岸壁高度设置为1 m，边壁侵蚀由给定的流速过程，通过过量剪切应力公式计算。模型的参数设置见表2.6。

表2.6 边壁坍塌模型参数设置

参数	单位	数值
有效内摩擦角φ'	°	28.6
有效内聚力c'	kPa	4.5
饱和容重	$kN \cdot m^{-3}$	19.4
弹性模量E	MPa	5.0
泊松比μ	(-)	0.38
折减系数k_{re}	(-)	0.1

2.4.2 应力和应变过程

根据边壁破坏区的发展（即土体单元发生破坏），坍塌过程可分为3个阶段，如图2.13所示。初始时期，远离坡脚处的土体应力沿x方向均匀分布（0~4.5 m范围内）。与之相反的，由于自重引起的土体变形，坡脚处的大主应力s_1'（上标表示该变量为有效应力）略有增加，而小主应力s_3'略有减小（关于应力、应变的基本概念，见附录B）。随着边壁侵蚀的进行，岸壁表面开始承受开挖荷载，边壁土体的应力分布随之改变。在第Ⅰ阶段，开挖荷载导致坡脚处大主应力大幅增加，引起局部土体单元剪破坏，而小主应力则显著减小，并导致局部土体单元拉破坏。需要注意的是，这里的剪破坏和拉破坏均指土体单元破坏，而非第1.2.1节和第2.2节描述的边壁坍塌类型。在边壁顶部，小主应力降为负值，表明土体正受到拉力作用。上述应力分布表明岸壁有向右倾倒的趋势（此时尚未发生整体破坏）。在第Ⅱ阶段，岸壁中部的大主应力和小主应力大幅增加，导致剪破区向上扩展。同时，岸壁顶部小主应力降至抗拉强度以下，发生土体单元拉破坏。随后，因为破坏的土体单元无法承受拉力，拉破坏区向下扩展。在第Ⅲ阶段，形成整体的贯穿面（从岸壁顶部至坡脚），发生边壁坍塌。

为更好地阐明破坏过程，选取3个观测点（图2.13中P1、P2和P3）用以描述开挖荷载和土体应力-应变的变化过程。如图2.14所示，坡脚（P1，ECB=0.1 m）处的开挖荷载通常大于岸壁顶部（P3，ECB=0.8 m），该现象在第Ⅱ阶段尤为明显（图2.14a和图2.14b），这导致土体应变从边壁顶部到坡脚逐渐增加（图2.14c和图2.14d）。然而，因为点P1靠近底部非变形边界，该点的土

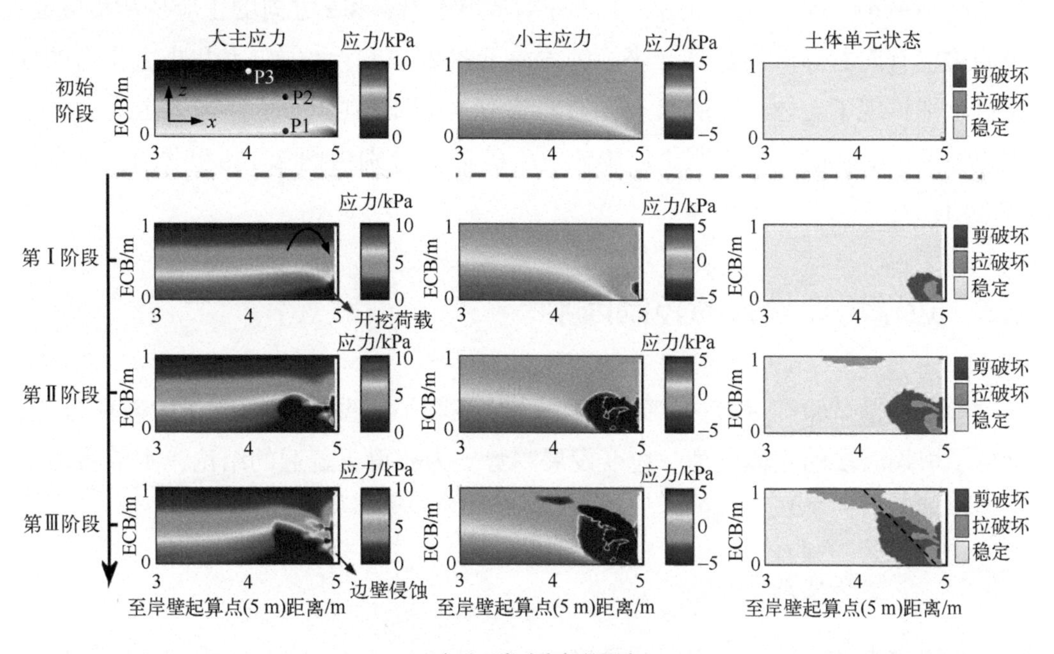

ECB 表示至岸壁底部的距离。

图 2.13　边壁坍塌过程中的土体应力变化

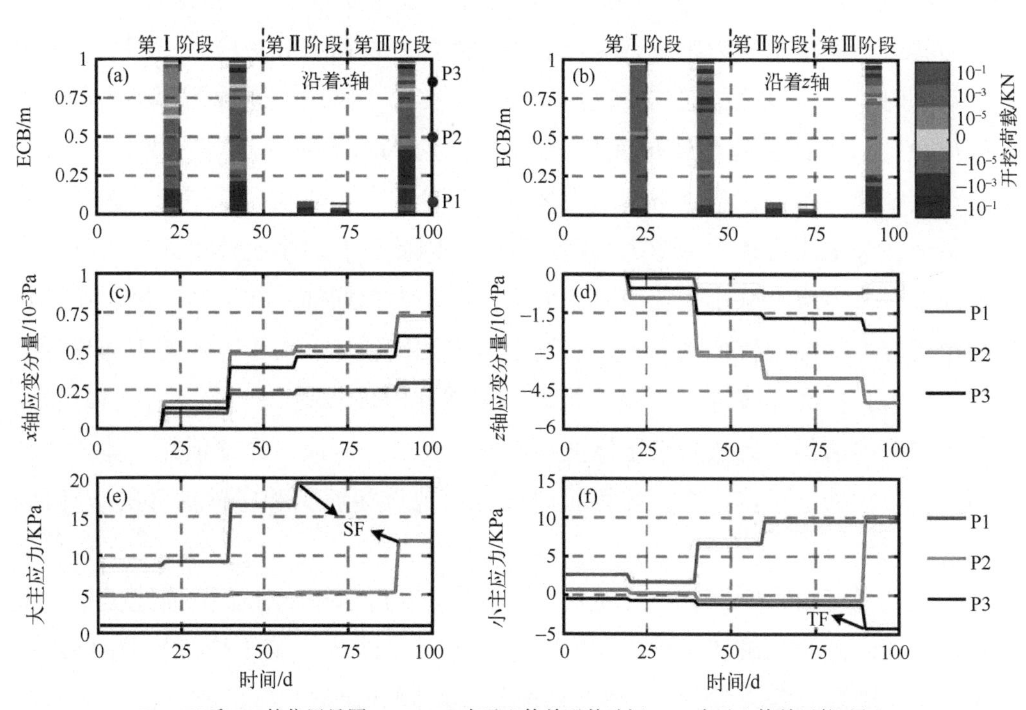

P1、P2 和 P3 的位置见图 2.13；SF 表示土体单元剪破坏；TF 表示土体单元拉破坏。

图 2.14　边壁坍塌过程中开挖荷载和土体应力、应变的变化

体应变值最小。图 2. 14c 和图 2. 14d 分别示出了沿 x 和 z 方向的正应变和负应变，表明边壁有向右倾倒的趋势（坐标轴方向见图 2. 13）。大主应力和小主应力的变化过程则体现了土体单元的状态，如图 2. 14e 和图 2. 14f 所示。当大主应力和小主应力不再变化时，即表明土体单元发生破坏（分别由图 2. 14e 和图 2. 14f 中的 SF 和 TF 表示）。

2.5 边壁坍塌模式的控制因素

通过水槽试验和应力-应变模型，已经获取了边壁绕轴和剪切的破坏过程，剖析了坍塌时段的土体应力、应变发展趋势。为获得更普遍的结论，本节将讨论边壁绕轴和剪切破坏机制的主导因素。

2.5.1 岸壁高度的影响

为研究岸壁高度对坍塌模式的影响，本节通过应力-应变模型，分别描述了岸壁高度为 1 m 和 0. 4 m 情况下的土体应力变化过程，如图 2. 15 所示。当岸壁高度较小时（图 2. 15a），边壁坍塌过程可分为 3 个阶段。初始时期，坡脚处大主应力集中，而小主应力则呈现降低趋势。因为开挖荷载和主应力值相关，岸壁高度较小时，水流侵蚀引起的开挖荷载较小。在第 Ⅰ 阶段，悬臂下部小主应力降至抗拉强度以下，引起土体单元拉破坏。上述过程与 Samadi 等（2011；2013）实验观察结果一致：在悬臂下部出现裂缝，裂缝下方土体在自重作用下脱落。在坡脚附近，大主应力和小主应力均略有降低，因此没有发生土体单元剪破坏。在岸壁顶部，小主应力减小为负值，而大主应力却大幅增加。在第 Ⅱ 阶段，岸壁顶部的小主应力降至抗拉强度以下，引发土体单元拉破坏。由于破坏的土体单元无法承受拉力，拉破坏区进一步向下扩展。虽然此时坡脚处的大主应力大幅增加，其较小的应力值仍然无法触发土体剪切破坏。在这一阶段，边壁顶部土体发生拉破坏，而坡脚处于稳定状态。在第 Ⅲ 阶段，出现贯穿坡脚和岸壁顶部的破坏面，发生边壁坍塌。

当岸壁高度较大时（图 2. 15b），应力变化过程与第 2. 4. 2 节描述类似，此处不再赘述。此时的破坏过程为：坡脚土体单元剪破坏（第 Ⅰ 阶段），岸壁顶部土体单元拉破坏（第 Ⅱ 阶段），以及形成贯穿坡脚和岸壁顶部的破坏面（第 Ⅲ 阶段）。上述两种破坏模式的区别可总结为以下两点。首先，坡脚是否发生土体单元剪破坏。岸壁高度越大，坡脚承受的主应力值越大。因此，对于岸壁高度较小的情况，坍塌发生时坡脚土体无剪切破坏发生。其次，土体单元拉破坏的发生位置不同。对于岸壁高度较大的情况，土体单元拉破坏首先发生在岸壁顶部，而当岸壁高度较小时首先发生在岸壁中部。

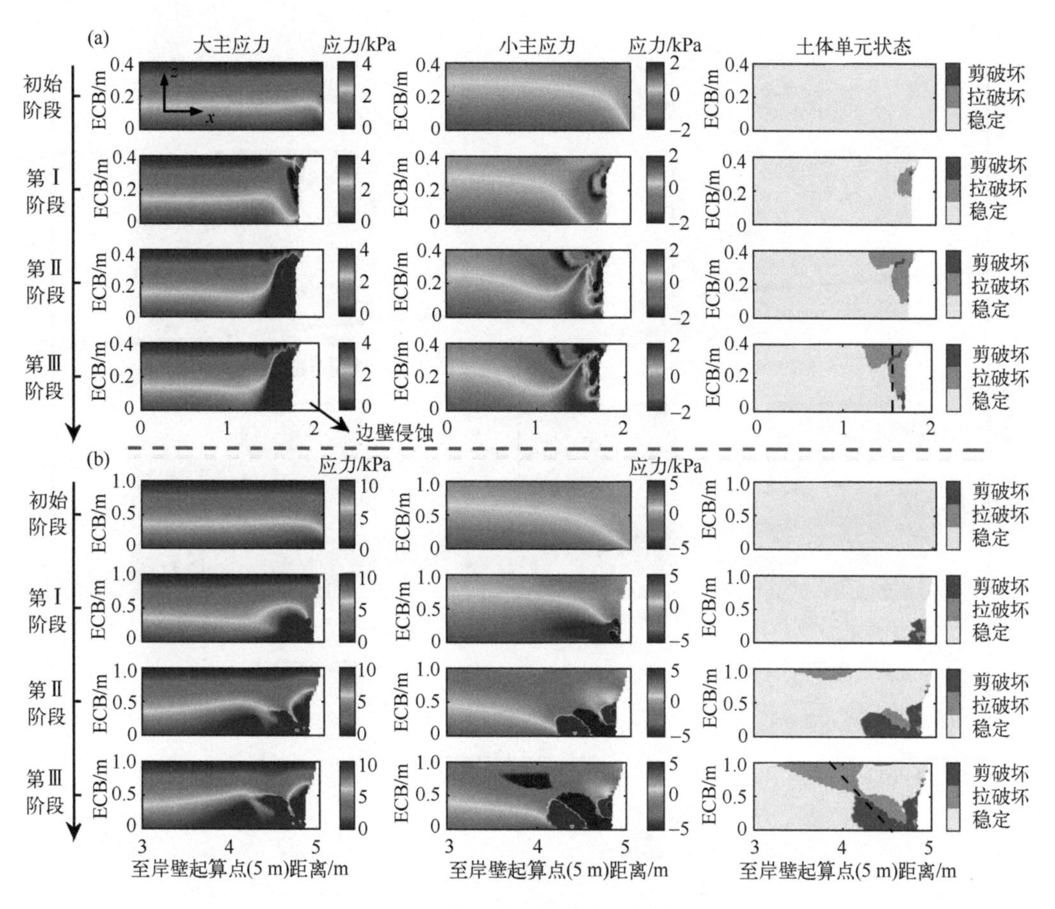

ECB 表示至岸壁底部的距离

图 2.15　不同岸壁高度下的边壁坍塌过程

2.5.2　相对水深的影响

绕轴破坏、张拉破坏、剪切破坏，以及由于基质吸力降低引起的土体脱落是本研究和前人试验（Nardi et al.，2012；Francalanci et al.，2013；Samadi et al.，2011；Patsinghasanee et al.，2018；Arai et al.，2018）中观察到的边壁坍塌类型。为区分边壁坍塌类型，众多学者研究了以下因素的影响：岸壁高度、土体强度（或密度）、植被根系以及水流速度。此外，静水压力的影响同样不容忽视（Simon et al.，2000；Gong et al.，2018）。综上所述，本节将通过近岸水深和岸壁高度的比值，即相对水深来区分岸壁绕轴和剪切破坏，如图 2.16 所示。

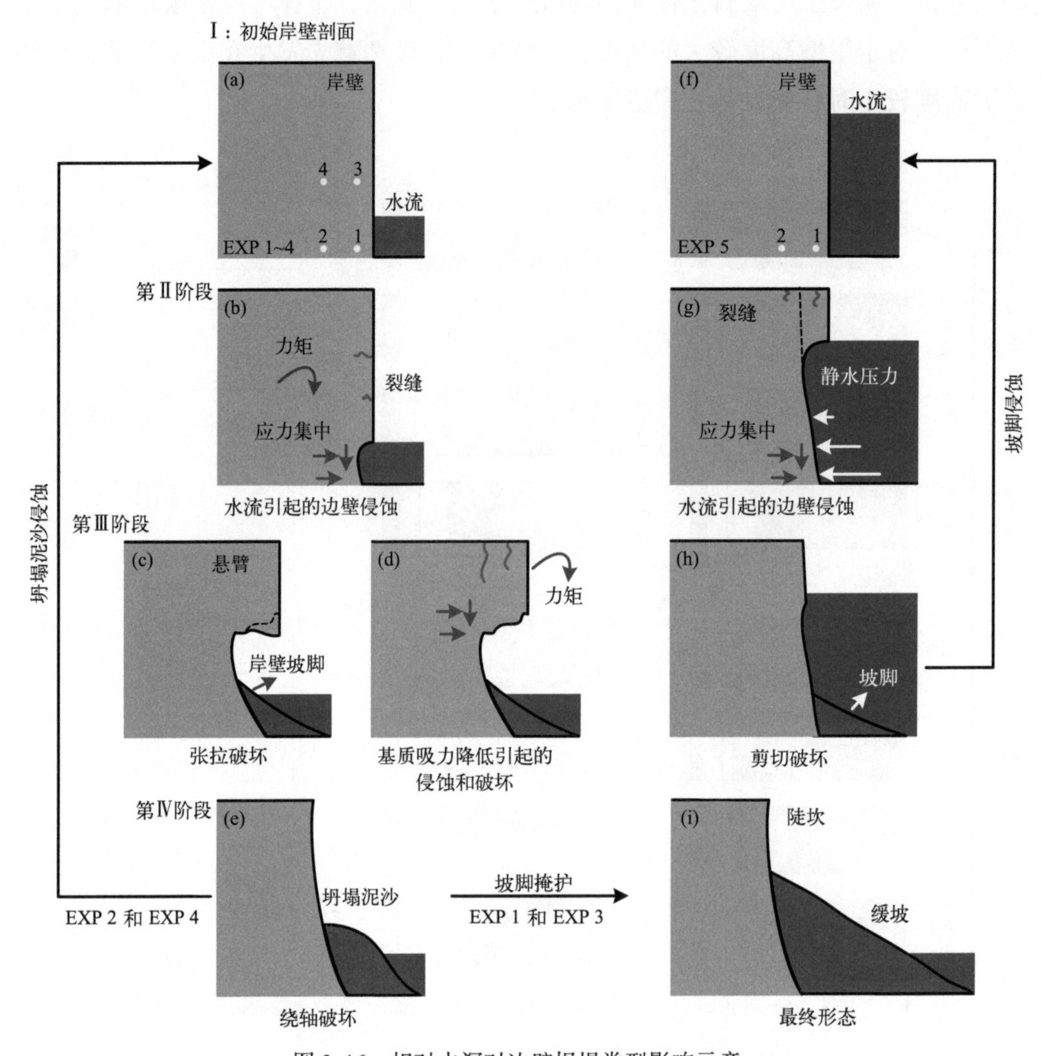

图 2.16　相对水深对边壁坍塌类型影响示意

当相对水深较小时（≤0.5，例如本研究中的 EXP 1～4，图 2.16 左侧部分），相较于自重引起的土体应力，初始阶段岸壁坡脚承受的静水压力较小。边壁侵蚀发生后，在悬臂扭矩的作用下，坡脚处会出现应力集中现象（第Ⅱ阶段，图 2.16b），表现为土体总应力的增加（如 T1 处应力，见图 2.12a，图 2.12c 和图 2.12e 中 T1 线，或图 2.13 至图 2.15）。例如，水槽试验 EXP 2 中 T1 处应力在 5 min 内从 20 kPa 增加到近 25 kPa。然而，Nardi 等（2012）和 Qin 等（2018）认为水流的入渗也可能促使土体容重的增加，从而提高坡脚附近的土体应力。上述猜想可通过对比 T1 和 T3 处的应力值排除：经历相同的入渗时长后（即 T1 和 T3 到水槽距离相同，见图 2.3b 和表 2.2），T1 和 T3 处的应力值却有着显著差异

(图 2. 12a，图 2. 12c 和图 2. 12e)。同时，在水流入渗的作用下，边壁下部土体的基质吸力（即负的孔隙水压力）逐渐降低（图 2. 12d 和图 2. 12f 中 P1 线），削弱土体强度。因此，在边壁下部会产生一系列裂缝（如图 2. 9a-1 和图 2. 9c-1)。在第Ⅲ阶段，上述裂缝发展为张拉破坏，逐渐形成边壁表面的凹形空腔结构(图 2. 9a-1)，与现场观测结果相一致［例如 Ginsberg 等（1990）中图 1a，以及 Perillo 等（2018）］。对于大规模张拉破坏，坍塌的泥沙会堆积在岸壁前沿，形成平缓的岸壁坡脚（图 2. 9a-2 和图 2. 9c-2)。随后，靠近水面的土体由于基质吸力的降低而逐渐脱落（图 2. 16c 和图 2. 16d)，该过程也可归因于坍塌泥沙引起的水面晃动。

以上两个过程（即坡脚应力集中和水流入渗）改变了岸壁的剖面形态，导致悬臂状的边壁结构。在悬臂扭矩的作用下，悬臂端点处出现应力集中现象(图 2. 16d)，具体表现为土体总应力的增加（如 T3 处，图 2. 12e 中虚线)。此外，张拉破坏产生的泥沙堆积在坡脚，抬高水位使得边壁中部土体的基质吸力进一步下降（图 2. 12d 中浅虚线)。此时，悬臂状结构的岸壁极不稳定，尤其是顶部出现裂缝时。在第Ⅳ阶段，边壁顶部出现多条裂缝，随即发生绕轴破坏（图 2. 16e)。该过程与 Patsinghasanee 等（2018）实验观察一致：边壁顶部裂缝当且仅当悬臂接近破坏时出现。绕轴破坏产生的泥沙随后堆积在坡脚，降低近岸流速，为边壁提供掩护效应（例如，在图 2. 10g 中，近岸流速降至 0. 08 m/s)。对于 EXP 2 和 EXP 4，坍塌泥沙或被侵蚀成为悬浮物，或被水流淹没转化为坡脚。因此，边壁后退持续发生直至形成新的平缓坡脚。最终的岸壁剖面由平缓的斜坡区域（坡脚）和陡坎组成（图 2. 16i)。

当相对水深较大时（>0. 5，例如本研究中的 EXP 5，图 2. 16 右侧部分)，相比于自重引起的土体应力，初始阶段坡脚处承受更大的静水压力。在第Ⅱ阶段，因为岸壁高度较小（图 2. 16g)，坡脚处应力集中现象并不明显。例如，EXP 5 中，T1 处土体应力的增幅小于 2 kPa（图 2. 12g 中 T1 线)。在静水压力的作用下，没有出现张拉破坏和绕轴破坏。取而代之的是，由于水流入渗，基质吸力降低（图 2. 12h 中 P1 线)，边壁顶部首先出现裂缝。在第Ⅲ阶段，沿垂直或倾斜面的剪切破坏发生，土体沿着剪破面缓缓滑入水中（图 2. 16g 中虚线)。脱落的土体随即堆积在坡脚，对剩余岸壁提供掩护效应（图 2. 16h)。若堆积在坡脚的泥沙被侵蚀，边壁后退过程将持续进行。最终的岸壁剖面形态由平缓的坡脚及可忽略的陡坎组成。

第3章 边壁坍塌对岸壁的侵蚀后退速率贡献

岸壁的侵蚀后退过程由水流冲刷引起的边壁侵蚀和重力引起的边壁坍塌共同驱动。以往研究多集中在水流冲刷，采用过量流速或切应力公式来描述岸壁的侵蚀后退，而对于边壁坍塌这种短历时、间断过程却少有涉及。

本章通过提取和分析水槽试验中的岸线演变，获取岸壁侵蚀后退速率，探究不同岸壁高度、近岸水深条件下的坍塌贡献率。结合已发表数据，优化岸壁侵蚀速率预测公式，剖析水动力过程和土力学过程耦合作用下的岸壁侵蚀后退。同时，基于坍塌应力-应变模型，模拟边壁坍塌作用下的潮沟拓宽过程，量化边壁坍塌对潮沟拓宽的贡献。

3.1 研究方法

边壁坍塌水槽试验的方法介绍见第2.1.1节，本节对潮沟边壁后退模型做详细介绍，如图3.1所示。其中，边壁坍塌模型见第2.1.2节。为简化问题，潮沟边壁后退模型不考虑泥沙输运和底床冲淤过程，且不考虑坍塌泥沙的掩护效应。

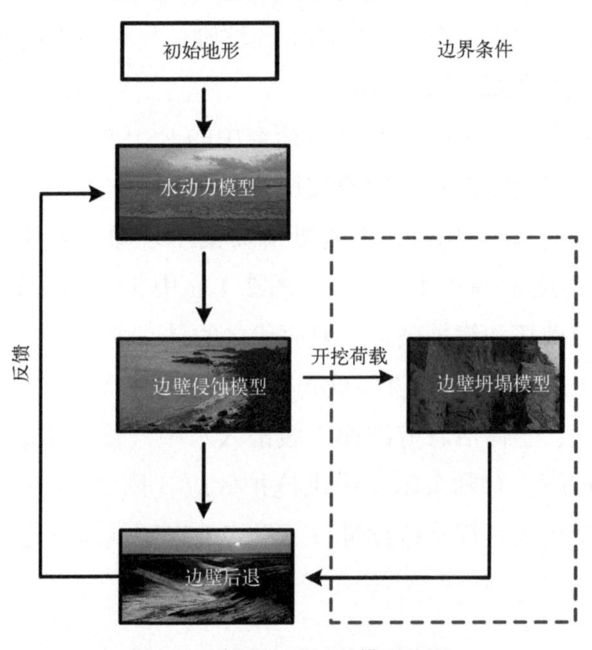

图3.1 潮沟边壁后退模型流程

3.1.1 水动力模型

水动力模型基于平面二维浅水方程，忽略科里奥利力、密度差、风浪等影响。该模型由一组连续性方程和动量方程组成：

$$\frac{\partial \zeta}{\partial t} + \frac{\partial p}{\partial x} + \frac{\partial q}{\partial y} = 0 \tag{3.1}$$

$$\frac{\partial p}{\partial t} + \frac{\partial}{\partial x}\left(\frac{p^2}{h}\right) + \frac{\partial}{\partial y}\left(\frac{pq}{h}\right) + gh\frac{\partial \zeta}{\partial x} + \frac{gp\sqrt{p^2 + q^2}}{C_z^2 \cdot h^2} - \frac{v_e}{h}\left(\frac{\partial^2 p}{\partial x^2} + \frac{\partial^2 p}{\partial y^2}\right) = 0 \tag{3.2}$$

$$\frac{\partial q}{\partial t} + \frac{\partial}{\partial y}\left(\frac{q^2}{h}\right) + \frac{\partial}{\partial x}\left(\frac{pq}{h}\right) + gh\frac{\partial \zeta}{\partial y} + \frac{gq\sqrt{p^2 + q^2}}{C_z^2 \cdot h^2} - \frac{v_e}{h}\left(\frac{\partial^2 q}{\partial x^2} + \frac{\partial^2 q}{\partial y^2}\right) = 0 \tag{3.3}$$

式中，t 为时间（s），x 和 y 为笛卡儿坐标系下坐标（m），ζ 为水面高程（m），h 为水深（m）；p 和 q 分别为 x 和 y 方向上的水流通量（m^2/s）；v_e为涡黏系数（m^2/s）；g 为重力加速度（m/s^2）；C_z为 Chezy 系数（$m^{1/2}/s$），由曼宁公式计算。针对上述连续性方程和动量方程组，本书采用交错网格对计算域进行离散（Lesser et al., 2004），随后使用显隐交替算法（ADI 法）进行求解（Leendertse et al., 1971）。动量方程中有效剪应力项包含紊流和垂向积分引起的动量通量，采用涡黏公式简化以提供短波振荡耗散（DHI, 2009）。严格意义上来说，式（3.2）和式（3.3）仅在恒定水深条件下成立。在潮沟边壁附近，潮沟内水深远大于相邻滩面，尤其在涨潮初期水流漫滩和落潮后期水流归槽时。因此，当使用上述涡黏公式时，模拟得到的滩面流速（或水流剪应力）远大于潮沟内流速，与现实不符。为克服这个问题，将涡黏公式［即式（3.2）和式（3.3）中最后一项］转换为基于流速的形式，如下所示（x 方向动量方程）：

$$\frac{\partial}{\partial x}\left\{h \cdot v_e \frac{\partial u}{\partial x}\right\} + \frac{\partial}{\partial y}\left\{h \cdot v_e \frac{\partial v}{\partial y}\right\} \tag{3.4}$$

式中，u 和 v 是沿 x 和 y 方向的垂向平均流速（m/s）。由于水动力模型求解的未知变量是流量而非流速，因此式（3.4）需通过上一时步长的流速进行计算。然而，当涡黏系数 v_e设为大值后，可能影响模型的稳定性。涡黏系数的取值必须满足以下标准：

$$\frac{v_e \cdot \Delta t}{\Delta x^2} \leqslant \frac{1}{2} \tag{3.5}$$

式中，Δx 为水动力模型在 x 方向的网格步长（m）；Δt 为时步长（s）。水动力模型网格的干湿判别可通过 3 个步骤进行。由于 ADI 法中 x 和 y 方向判别类似，此

处仅描述 x 方向的干湿判别。每个计算时步长均遵循以下过程：

（1）基于前半个时步长的水位，分别进行 x 方向流速点湿网格判别（$h^u_{i,j}>\delta_c$）和干网格判别（$h^u_{i,j}<0.5\delta_c$）。干网格判别阈值 δ_c 设为湿网格的一半，以防止流速点在连续的两个时步长交替判别为干网格和湿网格；

（2）在求解过程中，对水位点进行干网格判别（$h^{\zeta}_{i,j}<0.5\delta_c$）。如果低于干网格阈值，则将所有相邻的流速点设为干网格，并重新计算该时步长；

（3）基于新迭代出的水位，对 x 方向流速点进行干网格判别（$h^u_{i,j}<0.5\delta_c$）。

步骤（1）和步骤（3）易于理解并且被许多研究采用（Stelling et al., 1986; Falconer et al., 1987），而步骤（2）则少有提及。对于没有地形突变的大尺度模型，步骤（2）可忽略。但是在潮沟边壁附近，潮流在退潮时迅速从滩面汇聚到潮沟，引起水位陡降。假设上个时步长后边壁水深略高于干网格阈值，在当前时步长内，由于沟内和滩面巨大的水位差，边壁水深可能降至0左右。上述过程会导致出现边壁的极值流速（可高达5 m/s，相应的水流切应力为150 Pa），致使水位点的水深急剧减小，并且汇聚周边水流。随后，汇聚的水流加速该点侵蚀并形成垂直于主潮沟的次级潮沟。这也许是潮汐汊道的形成原因，但不在本书的研究范围之内，因此不做过多叙述。

3.1.2 边壁侵蚀模型

为计算边壁侵蚀并更新岸壁剖面，从岸壁顶部到坡脚共设置20个监测点。当监测点被水流淹没并且水流切应力大于边壁泥沙的临界启动应力时，边壁侵蚀发生。水流引起的边壁侵蚀速率用过量剪应力公式计算：

$$\varepsilon_E = M_e(\tau_b - \tau_c) \tag{3.6}$$

式中，ε_E为水流引起的边壁侵蚀速率（m/s）；τ_b为水流切应力（Pa）；τ_c为临界启动切应力，由下式计算：

$$\tau_b = \rho_w g \vec{\boldsymbol{u}} |u| / C_z^2 \tag{3.7}$$

式中，ρ_w为水体密度（kg/m^3）。

3.2 边壁坍塌对岸壁后退的贡献

3.2.1 水槽试验中岸线变化过程

各组次实验中岸线变化过程见图3.2。由于没有记录EXP 1和EXP 5的岸线变化过程，图 3.2 仅显示 EXP 2～4 期间的岸线变化过程。观察发现，绕轴破坏后岸线呈拱形，且岸壁后退距离峰值 D_m 通常发生在破坏区正中间。首次绕轴破坏后，EXP 2 和 EXP 3 中岸壁均发生整体后退，而 EXP 4 中岸壁的破坏范围在 x 方向约为 1.2 m，见图 3.2a。此时，EXP 3 中 D_m 约为 0.4 m，几乎为 EXP 2 和 EXP 4 中 D_m 的 2 倍。EXP 4 中岸壁坍塌区域最小，表明边壁的稳定性随岸壁高度的减小而增强。近岸水深的增加意味着静水压力的增强，有利于岸壁稳定。与 EXP 2 相比，EXP 3 中观测到较大的破坏区面积和 D_m，表明近岸水深对边壁稳定性的影响同样不容忽视。随着岸壁高度的增加（除 EXP 3 外），实验结束时破坏区面积和 D_m 随之增大（图 3.2b）。EXP 2 和 EXP 3 中 D_m 约为 0.4 m，几乎是 EXP 4 和 EXP 5 观测值的 2 倍。这是因为 EXP 2 中坍塌的泥沙被水流淹没并侵蚀，岸线持续后退。与之相反的是，EXP 3 结束时仍有大量的坍塌泥沙尚未侵蚀（图 2.9c-4），首次绕轴破坏后未发生其他破坏。此外，在水流侵蚀和边壁坍塌的共同作用下，首次绕轴破坏形成的拱形岸线逐渐演化为平行于 x 轴的线形岸线。

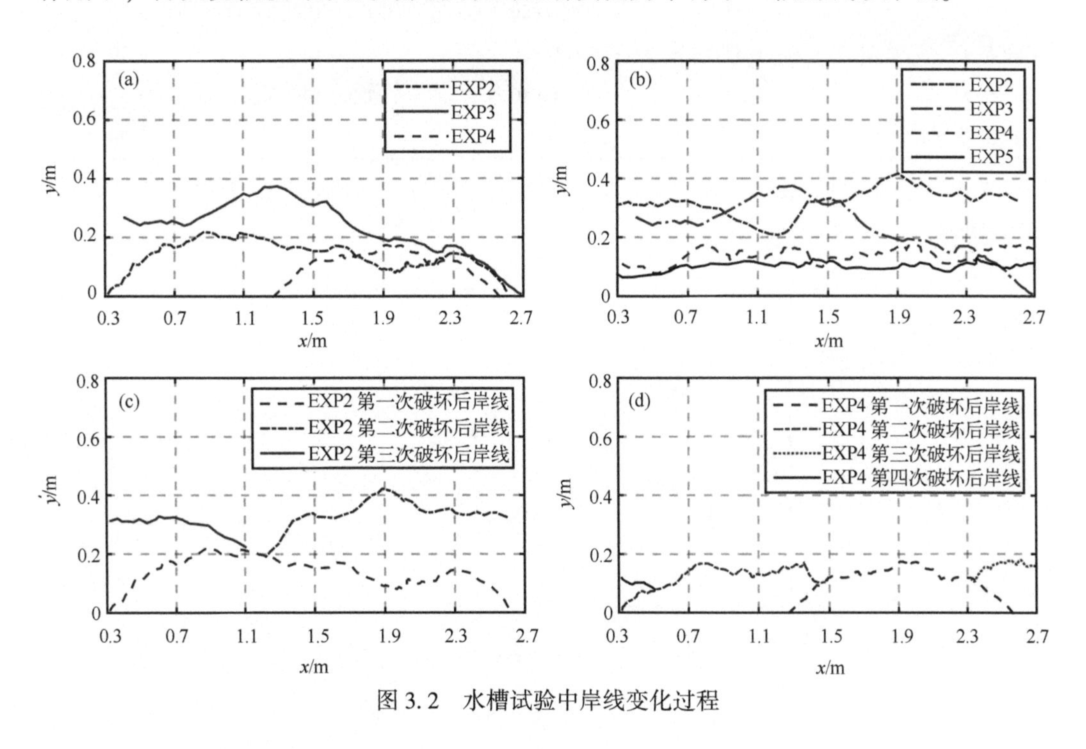

图 3.2　水槽试验中岸线变化过程

基于上述岸线变化过程，提取各时段岸线（选取时间见第 2.1.1.3 节），计算边壁侵蚀和坍塌共同作用下的岸壁侵蚀后退速率，如表 3.1 所示。此外，基于自主研发的边壁侵蚀速率测量装置（图 2.3d），水流冲刷引起的岸壁后退速率可与流速建立线性关系（$R^2=0.93$），如图 3.3 所示。

表 3.1　水槽试验中岸壁侵蚀后退速率及坍塌贡献率

	H_b/H_w	R_e/（m·s^{-1}）	R_r/（m·s^{-1}）	C_{bc}/%
EXP 2-1	2	1. 38×10^{-4}	4. 32×10^{-5}	84. 34
EXP 2-2	2	1. 48×10^{-4}	4. 32×10^{-5}	85. 42
EXP 2-3	2	2. 01×10^{-4}	4. 32×10^{-5}	89. 25
EXP 2-4	2	6. 61×10^{-5}	4. 32×10^{-5}	67. 29
EXP 2-平均值				81. 58
EXP 3	4	1. 17×10^{-4}	4. 32×10^{-5}	90. 75
EXP 4-1	2. 67	1. 02×10^{-4}	4. 32×10^{-5}	84. 12
EXP 4-2	2. 67	1. 05×10^{-4}	4. 32×10^{-5}	84. 51
EXP 4-3	2. 67	9. 96×10^{-5}	4. 32×10^{-5}	83. 72
EXP 4-平均值				84. 12
EXP 5-1	1. 33	3. 66×10^{-5}	4. 32×10^{-5}	11. 36
EXP 5-2	1. 33	4. 40×10^{-5}	4. 32×10^{-5}	26. 30
EXP 5-3	1. 33	3. 67×10^{-5}	4. 32×10^{-5}	11. 73
EXP 5-4	1. 33	5. 31×10^{-5}	4. 32×10^{-5}	38. 10
EXP 5-5	1. 33	4. 08×10^{-5}	4. 32×10^{-5}	20. 52
EXP 5-平均值				23. 26

其中，R_e表示水流冲刷引起的岸壁后退速率；R_r表示水流冲刷和边壁坍塌共同作用下的岸壁侵蚀后退速率；C_{bc}表示边壁坍塌对岸壁侵蚀后退的贡献。

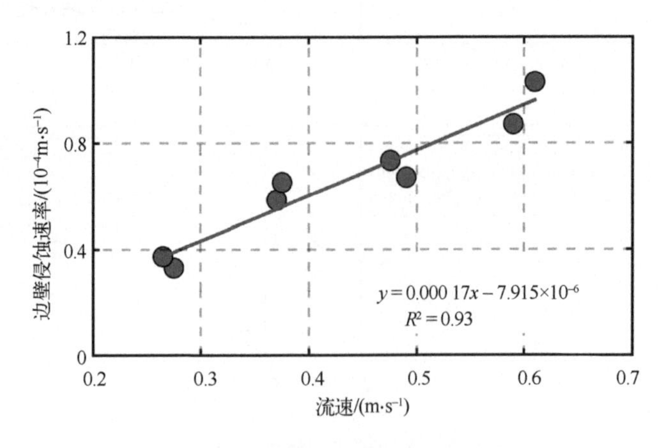

图 3. 3　边壁侵蚀速率与流速的关系

3. 2. 2　相对水深对坍塌贡献率的影响

基于以下假设：①边壁坍塌的破坏面为垂直面；②水流侵蚀速率沿垂向均匀分布，可求得边壁坍塌对岸壁侵蚀后退的贡献 C_{bc}：

$$C_{bc} = 1 - \frac{R_e}{R_r}\frac{H_w}{H_b} \tag{3.8}$$

式中，H_w 为岸壁高度；H_b 为近岸水深；R_e是水流冲刷速率，R_r是岸线后退速率，见图 3.4a。R_e/R_r的比值与土体性质以及水动力特征相关，可表征边壁坍塌类型。若 R_e/R_r小于 1，发生绕轴破坏（图 3.4b，以及 EXP 1~4）；若 R_e/R_r等于 1，发生剪切破坏（图 3.4c，EXP 5）；若 R_e/R_r 大于 1，形成稳定的悬臂状结构（图 3.4d）。

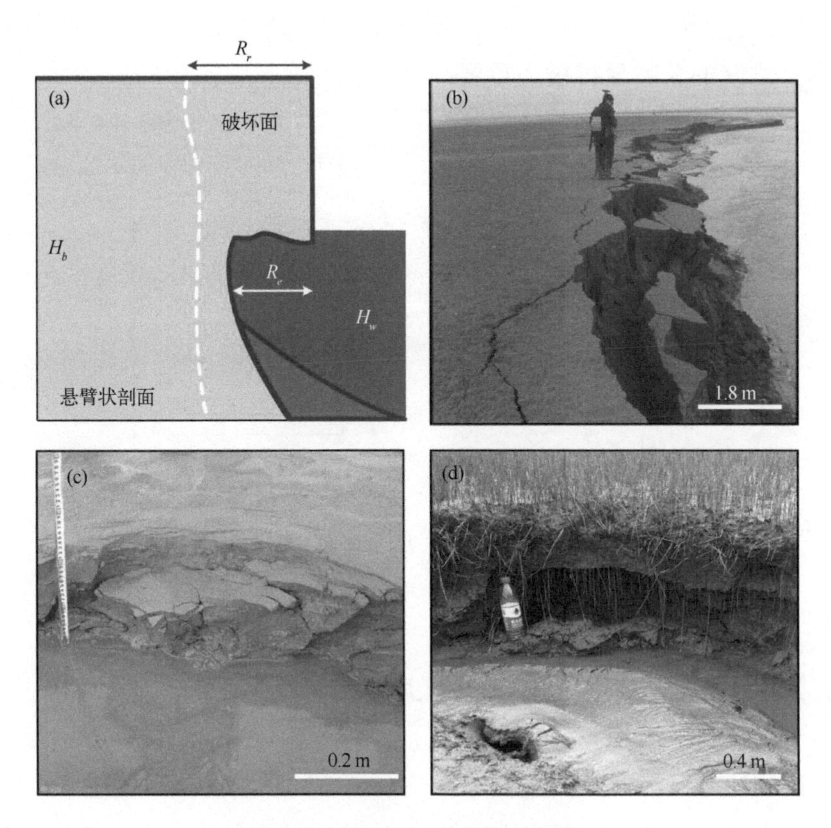

R_e是水流冲刷速率；R_r是岸线后退速率。

图 3.4　坍塌贡献率示意以及坍塌类型

基于水槽中间层流速（0.3 m/s），计算水流引起的边壁侵蚀速率以及坍塌贡献率 C_{bc}。对 EXP 2~4，每当发生绕轴破坏，随即计算 C_{bc}；对于 EXP 5，选取 5 个特征时刻来计算 C_{bc}，分别为实验开始后 7 min 31 s，8 min 19 s，10 min，20 min和 30 min。各组次实验的 C_{bc}取均值后如图 3.5 所示。图 3.5 中实线表示发生剪切破坏时，C_{bc}和相对水深 H_w/H_b的理论关系曲线（即 R_e/R_r设置为 1）。观察发现 EXP 5 算得的 C_{bc}刚好位于该理论曲线上（EXP 5 的坍塌类型为剪切破坏，见第 2.2 节)。对于绕轴破坏，拟合出的 R_e/R_r 值为 0.35，与图 3.4 中假设吻合。此外，观察到绕轴破坏的 C_{bc} 和相对水深之间存在负相关（即与图 3.5 中 H_b/H_w 呈正相关)。较大的 C_{bc} 表明，过度地简化岸壁侵蚀后退过程，如基于近岸流速 (Ikeda et al., 1981; Schuurman et al., 2013) 或岸壁坡度 (Jang et al., 2005; Asahi et al., 2013)，会严重低估边壁坍塌过程对潮沟的平面和断面演变的贡献。上述相关关系对潮沟发育演变模拟具有重大意义，因为岸壁的侵蚀后退速率可以根据流速和坍塌类型直接求得，避免求解复杂的非线性弹性力学方程（如第 2.1.2 节所示的应力-应变模型)。因此，进一步地探究 R_e/R_r 与土体性质（如土体内聚力和含水率）之间的关系显得极为重要。

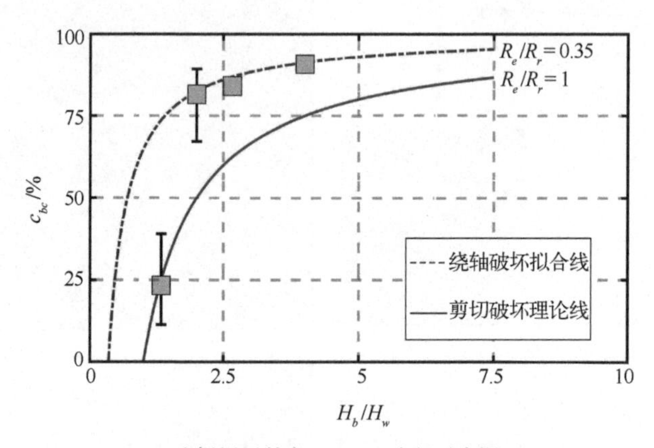

C_{bc} 为坍塌贡献率，H_w/H_b 为相对水深。

图 3.5　水槽试验中坍塌贡献率与相对水深的关系

3.3　边壁坍塌作用下的岸壁侵蚀速率预测公式

虽然以往研究已经开发出众多经验关系来预测岸壁侵蚀后退速率，但是这些研究主要集中在水流冲刷，甚少涉及边壁坍塌过程（见第 1.2.3 节)。基于水槽试验研究，结合已发表数据，本节优化了岸壁侵蚀速率预测公式，以突显边壁坍塌的贡献。

3.3.1　优化的岸壁侵蚀速率预测公式

水流冲刷强度主要与流速和土体抗冲性能有关，而边壁坍塌的规模和频率则由土体强度（内聚力等)、岸壁形态（岸壁高度和岸坡角度）和近岸水深决定 (Fox et al., 2006; Nardi et al., 2012; Samadi et al., 2013; Chen et al., 2017a)。针对室内试验尺度，选取相对水深 H_w/H_b 来表征边壁坍塌的强度。为消除流速的影响并突显边壁坍塌的作用，本书定义了无量纲岸壁侵蚀后退速率：

$$r_l = \frac{E_l}{U_l} \cdot \frac{w_t}{w_c} \tag{3.9}$$

式中，r_l为地表流引起的无量纲岸壁侵蚀后退速率，与边壁坍塌的类型和频率有关；E_l为用长度单位表示的岸壁后退速率（m/s）；U_l为近岸流速（m/s）；w_t为边壁坍塌时悬臂宽度（m）；w_c为水槽宽度（m）；w_t/w_c阐明了坍塌泥沙的作用。基于水槽试验和已发表数据（Braudrick et al.，2009；Van Dijk et al.，2012；Wells et al.，2013；Patsinghasanee et al.，2017；Qin et al.，2018；Shu et al.，2019；Vargas Luna et al.，2019），拟合出 r_l和相对水深 H_w/H_b的相关关系，见图 3.6a。图中所用数据列于附录 A。由于上述研究均采用粉砂或沙质土来塑造岸壁，本书不去探究土体性质对岸壁侵蚀后退速率的影响。当相对水深 H_w/H_b的值较小时（≤0.5，即 H_b/H_w>2），r_l和相对水深 H_w/H_b之间存在明显的负相关关系；而对于较大的 H_w/H_b（> 0.5，即 H_b/H_w<2），相对水深的增大却导致 r_l的减小。因为 H_w/H_b的比值一定程度上表征了边壁的稳定性（见第 2 章），当岸壁侵蚀后退过程由边壁坍塌主导时，H_w/H_b的减小对应于侵蚀后退速率的加快。然而，当 H_b/H_w减小到一定程度时，表明水流侵蚀的削弱（由于水深较浅），导致坍塌频率的降低，从而减缓岸壁侵蚀后退速率。

为获取更普遍的结论，将式（3.9）扩展到渗流引起的岸壁侵蚀后退预测：

$$r_s = \frac{E_l}{U_s} \tag{3.10}$$

式中，r_s为渗流引起的无量纲岸壁侵蚀后退速率；U_s为渗流流速（m/s），可由渗流梯度求得（Lee，1977；Cheng et al.，1999）。基于已发表数据（Fox et al.，2006；Chu-Agor et al.，2008；Lindow et al.，2009；Karmaker et al.，2013），拟合出 r_s和 H_b/H_w的相关关系，如图 3.6a 所示。图中所用数据列于附录 A。当 H_w/H_b的值较大时，r_l和 H_w/H_b之间存在明显的负相关关系（R^2=0.84）。

针对现场尺度，通过潮沟或河道宽度将岸壁后退速率标准化，以降低空间比尺的影响（Hooke，1980）。选取年平均流量 Q_l和水力坡降 S 来表征水动力强度；边壁坍塌的影响则通过水面以上的岸壁高度 H_{ub}和泥沙中值粒径 D_{50}体现。其中 H_{ub}和 D_{50}分别代表了岸壁的稳定性和坍塌泥沙的掩护效应。基于已发表数据（Murgatroyd et al.，1983；Gardiner，1983；Pizzuto et al.，1989；Casagli et al.，1999；Simon et al.，2000；De Rose et al.，2011；Kiss et al.，2013；Duan et al.，2018；Deng et al.，2018；Zhang et al.，2019；Duró et al.，2019），标准化后的岸壁侵蚀后

退速率与所选变量之间存在显著的正相关关系，见图 3. 6b。图 3. 6b 中所用数据列于附录 A。

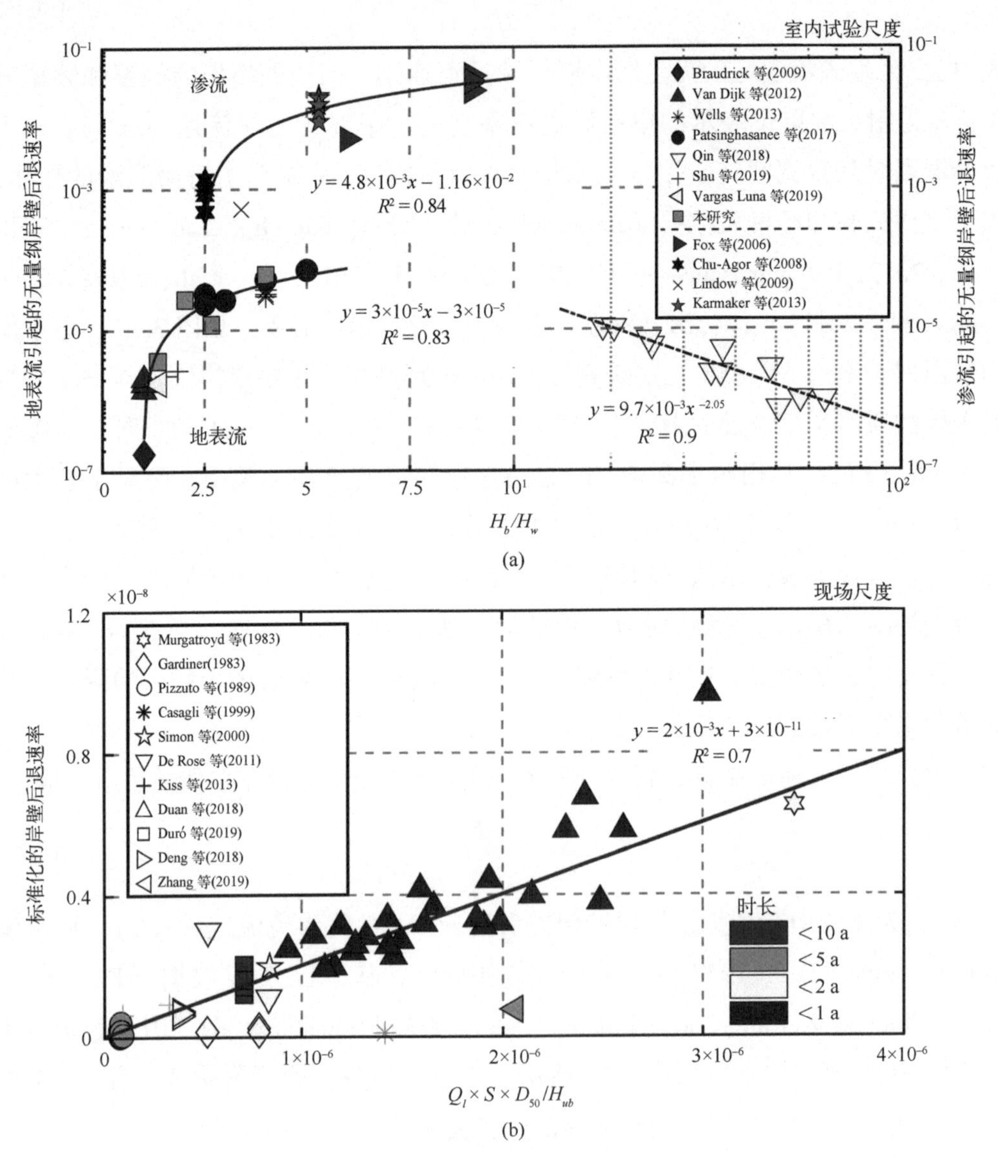

图 3.6　改进的岸壁侵蚀后退速率预测公式

3. 3. 2　公式对比及建议

图 3. 7 显示了岸壁后退速率的实测值与预测值对比，分别采用已发表的经验关系（见表 1. 1 和表 1. 2）和本研究优化的预测公式（图 3. 6）。优化后的经验公式可以更好地预测岸壁侵蚀后退速率，突显了岸壁后退过程中水动力过程和土力学过程的协同作用。结果还表明，对于室内实验尺度，岸壁后退速率主要由土力

学因子（如岸壁高度）决定，而非水力学因子（如流速和流量）。现场尺度的岸壁后退速率则由水力学因子主导。以上发现与 Thorne（1982）和 Pizzuto 等（2010）的观测结果一致：随着时间尺度的增加，边壁坍塌的影响逐渐减小，岸壁后退过程最终由坡脚的水流强度控制（concept of basal endpoint control）。通过对比不同空间尺度的预测公式（图 3.6），发现随着空间尺度的增大，边壁坍塌的作用从促进岸壁后退（发生坍塌）逐渐过渡到抑制岸壁后退（坍塌泥沙的掩护效应）。这意味着边壁坍塌的影响可能比以往设想的更加复杂，因为坍塌泥沙会影响水动力过程和土体学过程的交互作用（Thorne et al., 1981）。

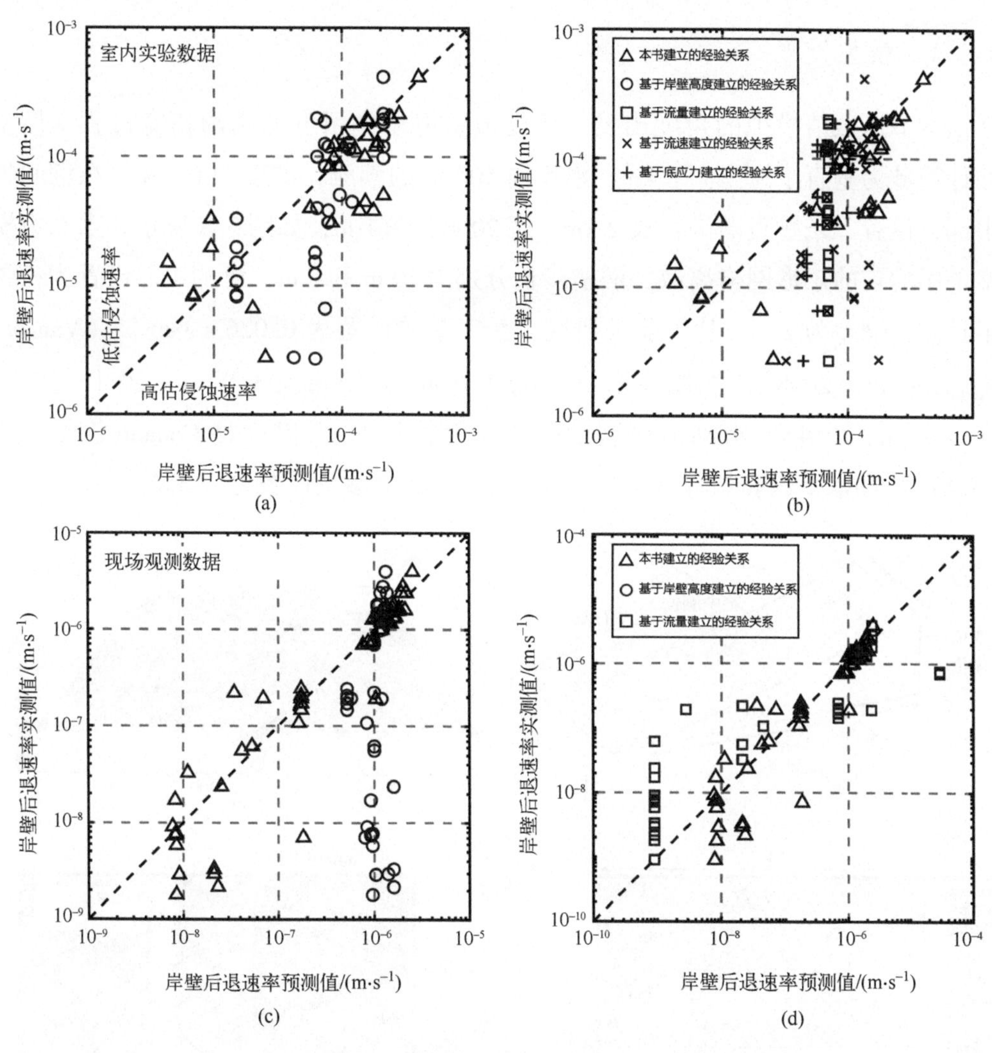

（a）（b）采用室内实验数据；（c）（d）采用现场观测数据；

三角形是基于改进的预测公式计算，其他形状是基于已发表的预测公式计算。

图 3.7 岸壁后退速率的实测值与预测值对比

虽然公式拟合所需的变量如流域面积和降水强度等易于搜集，但该方法是经验性的，因此拟合出的公式仅对局部区域有效。此类方法适用于动力过程难以观测（如沟壑或潮沟的溯源侵蚀）或物理机制尚不明确的过程。当进行长周期模拟时，上述经验关系同样具有深远意义，可为一些复杂的动力过程，如横向环流和边壁坍塌提供参数化表示（见第 1.2.4.2 节）。

3.4 边壁坍塌对潮沟拓宽的贡献

3.4.1 模型设置

本节从数值模拟的角度出发，研究边壁坍塌作用下的潮沟拓宽过程。模型的计算域为垂直于海岸向 8 km，沿岸向 500 m 的潮滩，坡度为 0.1%。在潮间带中部，设置一条顺直潮沟：长 2 km，宽 20 m，深 1 m，如图 3.8 所示。水动力模型采用均匀的矩形网格离散，网格步长分别为 20 m 和 5 m。海侧边界设置为正弦半日潮，潮差为 2 m。基于前人研究，曼宁系数设置为 0.026 $s \cdot m^{-1/3}$（Van der Wegen et al., 2008），涡黏系数 v_e 设为 1.0 m^2/s（Van der Wegen et al., 2008; Zhou et al., 2014）。水动力模型的时步长设置为 6 s，以满足 Couant 条件［式（3.4）］和水平涡黏条件（见第 3.1.1 节）。其余参数设置见表 3.2。

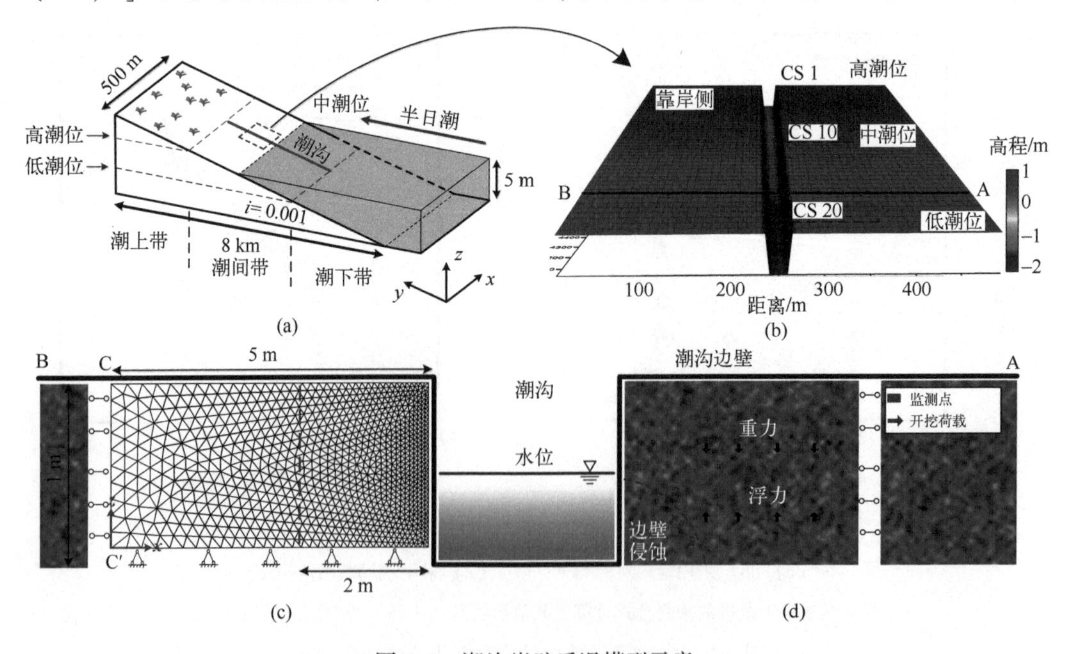

图 3.8 潮沟岸壁后退模型示意

表 3.2　潮沟边壁后退模型参数设置

参数	单位	默认值
水动力模型		
水平涡黏系数 v_e	m^2/s	1.0
曼宁系数	$s/m^{1/3}$	0.026
边壁侵蚀模型		
边壁土侵蚀系数 M_e	$m^3/(N \cdot s)$	8×10^{-7}
边壁土临界启动应力 τ_c	Pa	0.062
边壁坍塌模型		
有效内摩擦角 φ'	°	28.6
有效内聚力 c'	kPa	4.5
饱和容重	kN/m^3	19.4
弹性模量 E	MPa	5.0
泊松比 μ	(-)	0.38
折减系数 k_{re}	(-)	0.1

模型假设边壁侵蚀和坍塌在主流向 100 m 范围内完全相同，因此可将潮沟沿程分为 20 段。在每段中间设置横截面 CS 用于模拟边壁侵蚀和坍塌，各个横截面间相隔 100 m。

3.4.2　边壁侵蚀“机会窗口”

图 3.9a 和图 3.9b 给出了模型模拟的涨急、落急流场。涨潮时，在潮滩和潮沟的交界处（即边壁处），可观察到明显的水流漫滩过程，而归槽水流则出现在落潮时期。因为底床摩擦随水深增大而减小，因此潮流流速从海到陆递减，潮沟内流速显著大于滩面流速。在落潮时期，由于纳潮量由陆向海递增，潮沟内的流速也随之增大。同时，归槽水流也增强了潮沟内的流速。

潮周期内水流切应力峰值随时间变化见图 3.9c ~ e。当水流切应力超过岸壁土体临界起动应力时，发生边壁侵蚀（即岸线后退）。以 CS 18 为例（图 3.9e），随着边壁侵蚀的进行，潮沟每年拓宽约 0.63 m。潮沟宽度的增加反而减小了单宽潮通量，因此潮流切应力相应减小。由于上游断面扩张（约 15 a 后），潮通量和潮流切应力随之增加。潮流切应力的间歇性变化是因为横向网格分辨率较低（5 m），潮沟宽度不能连续变化。对比选取的 3 个横截面（图 3.9c ~ e），发现潮沟宽度以及拓宽速率由陆向海递增，潮沟的平面形态呈现漏斗形。

在潮间带中部，潮周期内潮流切应力峰值出现在涨潮时期，而潮间带下部切应力峰值却发生在落潮期间（图 3. 9f）。由于潮间带下部水深较大，底摩擦引起的潮汐不对称现象也随之减弱。潮周期内不断变化的潮流切应力（图 3. 9f），引起潮沟拓宽速率的不断变化。此外，相邻横断面的拓宽同样会引起峰值切应力的变化（图 3. 9d 和图 3. 9e）。因此，潮沟拓宽速率不仅与局部的边壁侵蚀过程有关，还受潮流切应力变化和相邻截面拓宽的影响。

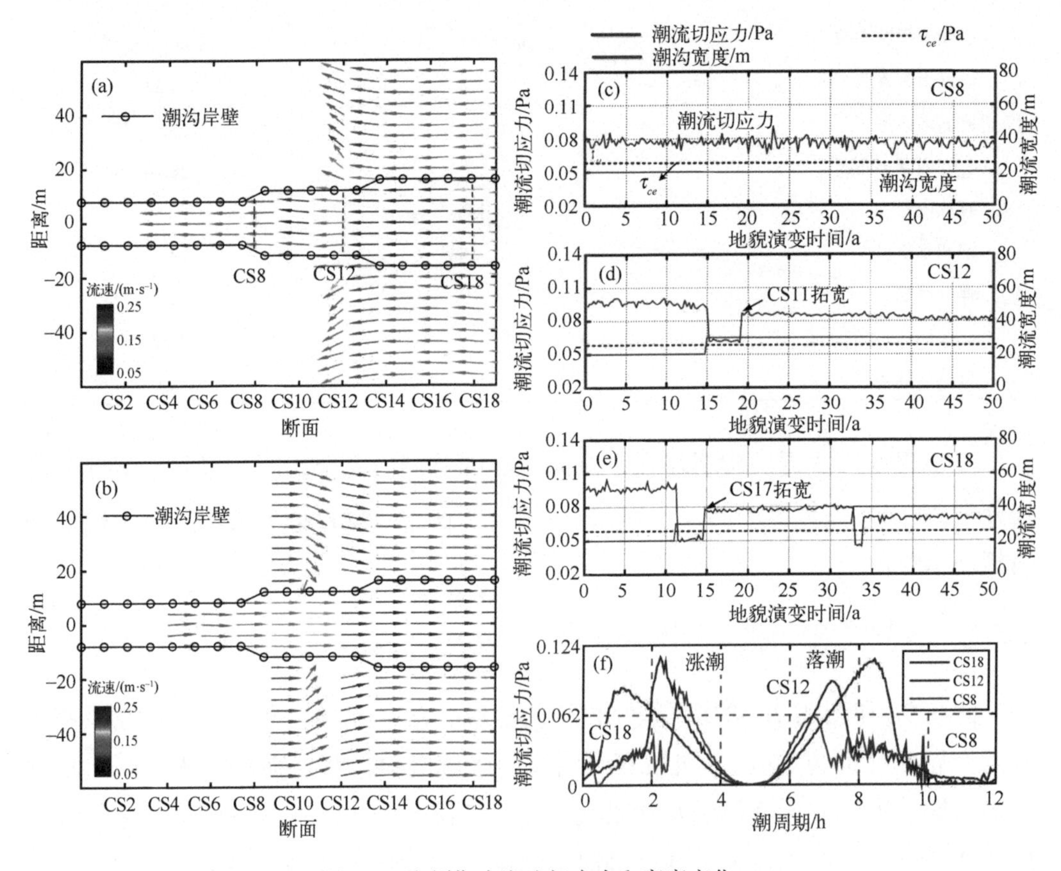

图 3. 9　潮周期内潮流切应力和宽度变化

潮周期内不断变化的潮流切应力表明，潮沟沿程的岸壁侵蚀可用“机会窗口”理论描述，如图 3. 10 所示。当潮流切应力大于土体临界起动应力时，“机会窗口”激活，即图 3. 10a 中阴影区域。窗口激活后，若潮沟内水位低于岸壁的顶高程，则会形成悬臂结构的剖面，如图 3. 10c 所示。对于图 3. 10a 中算例，窗口激活时，潮沟内水位始终高于岸壁顶高程，因此总是形成垂直的岸壁剖面。以潮间带中部附近的 CS 12 为例，当潮沟内水位在 0. 25~0. 75 m 时，形成垂直的岸壁剖面，见图 3. 10b。

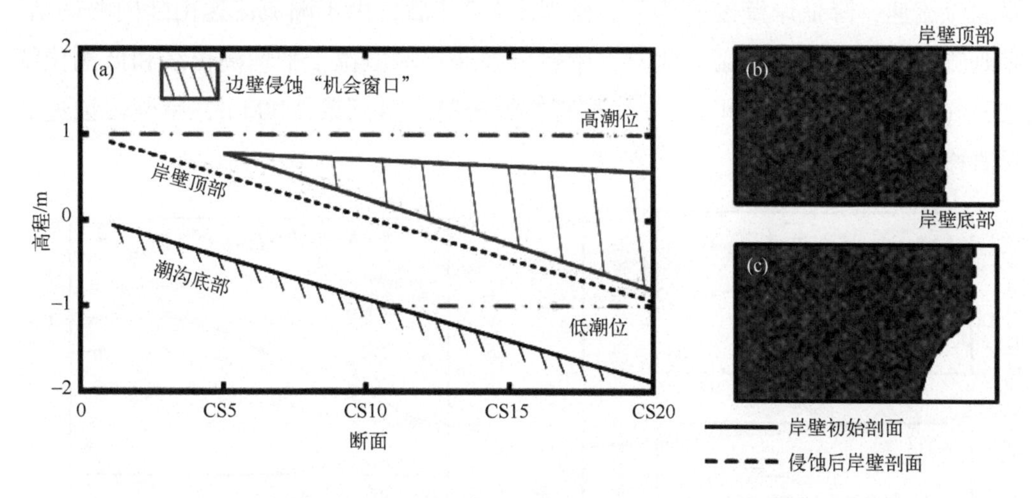

图 3.10　潮沟岸壁侵蚀的“机会窗口”理论示意

3.4.3　边壁坍塌的贡献

边壁侵蚀和坍塌的累计距离，以及坍塌贡献率（C_{bc}）随时间的变化过程如图 3.11a～c 所示。随着潮沟发育，边壁侵蚀的累计距离不断增加。持续的边壁侵蚀触发间歇性的边壁坍塌过程，形成台阶状的坍塌累计距离。“台阶”的持续时间（即长度）反映了边壁坍塌的频率，而“台阶”的高度代表了坍塌引起的岸壁后退距离。连续的边壁侵蚀和间歇性的边壁坍塌共同引起坍塌贡献率的波动。因为边壁坍塌引起的岸壁后退距离远大于边壁侵蚀，因此每当发生坍塌，累计的坍塌贡献率会大幅增加。随后，坍塌贡献率逐渐回落，直至下一次坍塌发生。随着潮沟发育演变，坍塌贡献率的波动趋向平缓。图 3.11d 显示所有断面的贡献率均趋于 85%，表明岸壁的后退由边壁坍塌过程主导。图 3.11d～e 对比了有无边壁坍塌作用下的潮沟发育演变过程。结果表明在边壁坍塌作用下，潮沟的拓宽速率大幅增加。具体来说，边壁坍塌作用 5 a 后的潮沟宽度，与边壁侵蚀作用 30 a 后的宽度相当，这也与坍塌贡献率的演变趋势相一致。

图 3.12 给出了模型模拟 400 d、1 200 d 和 2 000 d 后的岸壁侵蚀速率沿程分布。该算例考虑了涨落潮过程中水位变化对岸壁稳定的影响（通过在岸壁前施加静水压力），忽略了地表流入渗和地下水位变化引起的渗流过程。模拟 400 d 后，潮流相对较强，潮间带中下部区域发生显著的岸壁侵蚀。在平均潮位线附近，静水压力在落潮期间迅速降低，削弱岸壁的稳定性，导致该区域潮沟的快速拓宽。因此，岸壁侵蚀速率峰值出现在 CS10 附近。然而，拓宽的潮沟反过来削

弱潮流流速，降低岸壁侵蚀速率。模拟 1 200 d 后，由于潮流流速由陆向海递增，靠海侧频繁发生边壁坍塌。此时，岸壁侵蚀速率峰值位于平均潮位线和低潮位线之间（CS10 和 CS20 之间）。上述过程持续进行，直到第 2 000 d，岸壁侵蚀速率峰值移至低潮位线附近。

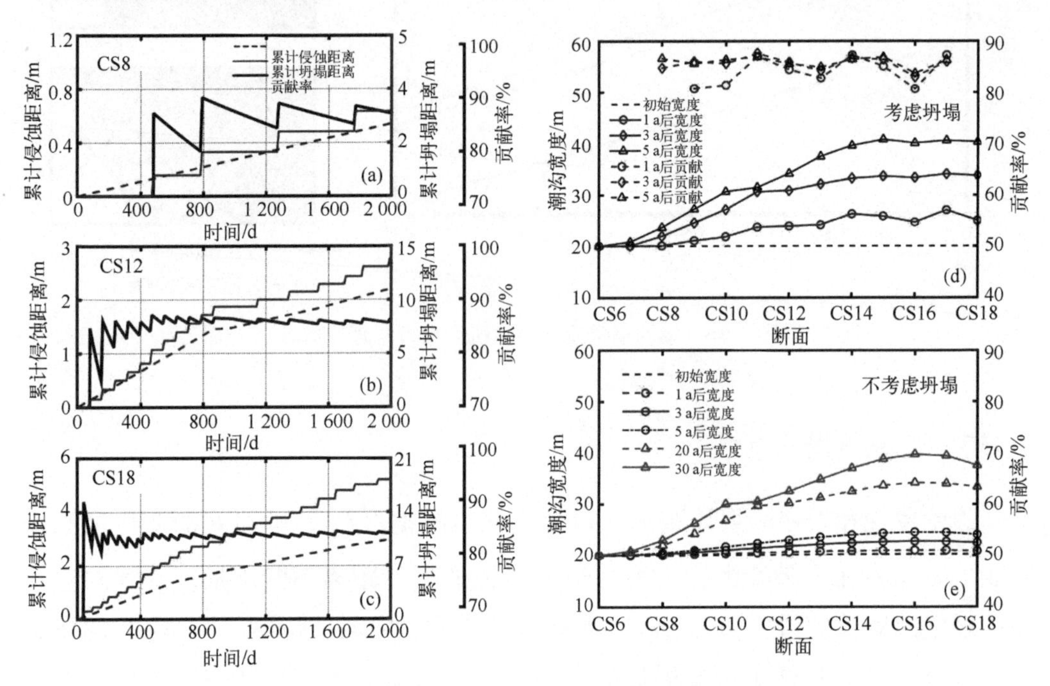

图 3. 11　边壁侵蚀和坍塌的累计距离以及坍塌贡献率随时间变化

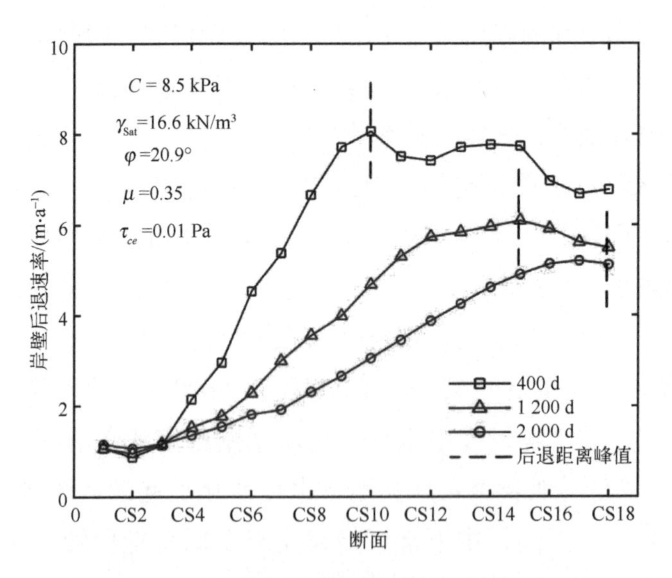

图 3. 12　潮沟岸壁侵蚀后退速率沿程分布

图中参数说明见表 3. 2

3.4.4　水动力、土工参数的影响

外部参数对潮沟宽度和坍塌贡献率（C_{bc}）的影响如图 3.13 所示。每组算例只改变一种参数（保持其他参数不变），来探究水动力过程（潮差和底床坡度）、边壁土体抗冲性能（侵蚀系数和临界起动应力），以及土工参数（内聚力和内摩擦角）的影响。为量化并对比上述各参数的重要性，本书引入敏感性指数 *SI*（Hoffman et al.，1983；Pannell，1997）：

$$SI = (D_{max} - D_{min}) / D_{max} \tag{3.11}$$

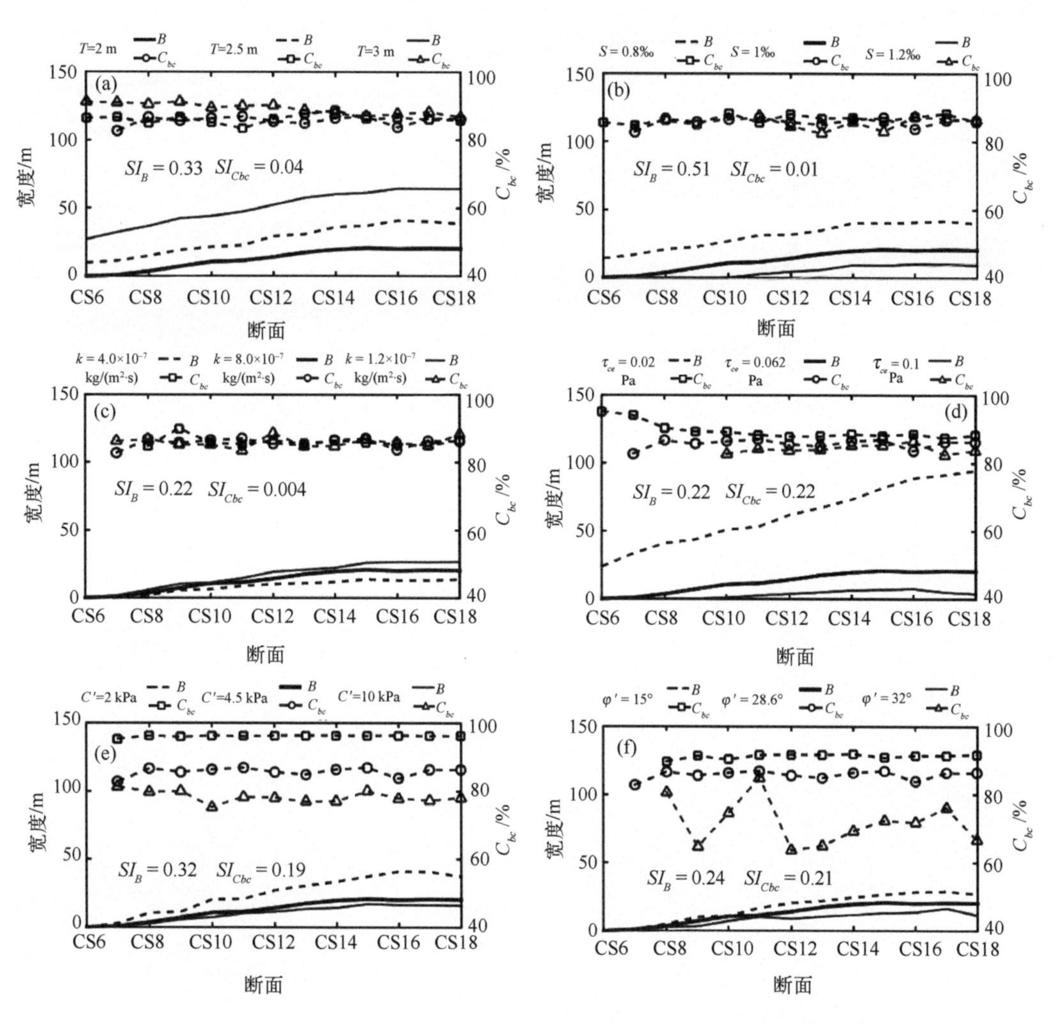

（a）潮差影响；（b）床坡度影响；（c）侵蚀系数影响；（d）临界启动应力影响；

（e）内聚力影响；（f）内摩擦角影响。

图 3.13　潮沟宽度和坍塌贡献率随外部参数的变化

式中，D_{max}和D_{min}是将目标参数分别设置为最大值和最小值时模型的输出结果。敏感性指数越大，表明结果对目标参数的依赖性越强。潮差的增大或泥沙抗冲性能的降低会形成更宽的潮沟（图 3. 13a 和图 3. 13c ~ d）。相反的，底床坡度和土体内聚力的增加则会导致潮沟宽度的减小（图 3. 13b 和图 3. 13e）。通过对比各算例的敏感性指数，发现边壁土体的临界起动应力对潮沟的拓宽有显著影响（SI 大于 0. 5），而其他因素的影响较小。此外，土体内聚力和摩擦角均可影响 C_{bc}（图 3. 13e ~ f）。C_{bc}和水动力变量之间无明显相关关系，但是与土工变量之间存在明显的负相关关系，因为土体内聚力和摩擦角的增大会导致土体强度的增加。

第4章 边壁坍塌对弯道的形态演变作用

蜿蜒（曲流）形态的潮沟通常由一系列交替弯道构成，是自然界中最迷人的地貌特征单元之一。在横向环流的作用下，潮沟的摆动由凹岸的间歇性侵蚀、坍塌和凸岸的持续淤积共同驱动。目前，对于潮汐环境下的蜿蜒演变研究相对较少，多集中在观测层面，如文献（Marani et al., 2002；Finotello et al., 2018），而对于往复流作用下的横向环流特征以及弯道迁移机制尚未涉及。例如，Finotello 等（2018）通过野外观测发现，潮汐动力与河流动力下的弯道迁移有许多相似之处。为简化问题，本章暂不考虑水位随时间变化，采用恒定流量来研究边壁坍塌作用下的弯道形态演变。虽然上述设定类似河流的水动力特征，但是该方法已经被广泛应用于对潮汐环境的研究，如文献（Xu et al., 2019；Fagherazzi et al., 2001；D'Alpaos et al., 2006；Lanzoni et al., 2015）等。这些研究认为长时间尺度下的潮流过程可凭借特征流量表征，譬如平均流量或最大流量。本研究已在第 1.2.1.4 节中详细讨论恒定流量假定产生的影响。

针对恒定流量条件，过往研究一直致力于开发蜿蜒动力地貌模型，如弯道稳定理论（Ikeda et al., 1981；Blondeaux and Seminara, 1985；Zolezzi and Seminara, 2001；Lanzoni and Seminara, 2006；Frascati and Lanzoni, 2009）。该理论认为蜿蜒的发展由弯道的不稳定性驱动，假定弯道的迁移速率与弯道曲率引起的过量流速（即凹岸和凸岸之间的流速差）有关。为简化问题，弯道稳定理论通常将瞬时的迁移过程连续化处理，假设：①弯道迁移过程中宽度恒定不变，表明凹岸冲刷和凸岸淤积同步进行；②岸壁侵蚀过程连续、与流速线性相关，忽略了间歇性的边壁坍塌过程。上述假设均源于现场观测（Lagasse et al., 2004；Lopez Dubon et al., 2019），结果表明在特征时间尺度内，弯道趋向于维持恒定的宽度。

近些年，已开展研究分别阐述两侧岸壁的动力过程，探究凹岸侵蚀和凸岸淤积之间的相对重要性，如文献（Darby et al., 2002；Parker et al., 2011；Zolezzi et al., 2012；Asahi et al., 2013；Eke et al., 2014b）等。虽然忽略了边壁坍塌过程，Eke 等（2014a）提出了 4 种凹岸、凸岸之间的相互作用机制：两侧岸壁淤积、两侧岸壁侵蚀、bar push（凸岸淤积速率大于凹岸侵蚀速率）和 bank pull（凹岸侵蚀速率大于凸岸淤积速率）。随后，弯道逐渐向平衡态演变，使得凹岸侵蚀速率和凸岸淤积速率大致相同，共同维持恒定的弯道宽度。最近，高分辨率的野外观测捕捉到凹岸、凸岸之间的追赶行为，发现了弯道间歇性的拓宽和缩窄，从而维持统计学意义上的恒定宽度（Mason et al.，2019）。该研究为解释弯道演变提供了灵感：尽管凹岸侵蚀与凸岸淤积过程独立进行，但弯道宽度仍趋向于恒定值。至于连续侵蚀假设，第 2 章和第 3 章的研究结果表明岸壁侵蚀是间歇性的，并且侵蚀后退速率不仅与近岸流速有关，还受到岸壁高度和近岸水深的影响。

综上所述，本章拟开展弯道迁移数值模拟，探究边壁坍塌作用下的弯道迁移机制。针对不同弯曲幅度，首先分析弯道沿程的边壁稳定性，阐明边壁坍塌沿弯道的分布特征；其次探究边壁坍塌对弯道迁移速率的影响，揭示凹岸侵蚀和凸岸淤积协同作用下的弯道凹岸和凸岸之间的追赶行为。

4.1 弯道“坍塌-迁移”耦合模型

4.1.1 弯道迁移模型

弯道迁移模型由意大利帕多瓦大学的 Stefano Lanzoni 教授开发，用于模拟恒定流量条件下的长时间尺度蜿蜒迁移。该模型由水动力模块、边壁侵蚀和淤积模块和弯道迁移模块组成。本节仅对该模型做简要介绍，关于方程的推导及公式假定，见文献（Seminara，2006；Frascati et al.，2009；Frascati et al.，2013；Bogoni et al.，2017；Lopez Dubon et al.，2019）。此外，边壁侵蚀、淤积模块将在第 4.1.2 节做详细介绍。

水动力模块用于求解两侧岸壁前的水流切应力，考虑了弯道曲率和宽度变化的影响。自然界中弯道通常表现出较小的曲率和宽度变化，在模型中由下述两个无量纲的极小值表示：曲率比（$\nu=B_{avg}/R_0$）和宽度变化强度［$d=(B_0-B_{avg})/B_{avg}$］，由平均宽度（B_{avg}）和弯道曲率半径的最小值（R_0）计算得出。这些参数被用于水动力方程的线性化处理、参数化离心力引起的横向环流，以及对泥沙输运方程进行摄动求解。由此方法得到的流场和床面变化对于宽度大、曲率小的弯道是准确有效的，其中底床扰动的非线性影响可作为一阶近似而忽略。简化后的方程组求解简单、省时，使得该模型适合蜿蜒演变的长期模拟（Camporeale et al., 2007; Frascati et al., 2009）。经平均水深 D_u 和平均宽度 B_{avg} 标准化后，水流模块输入的无因次参数为：沿程平均半宽与深度的比值 $\beta = B_{avg}/D_u$，无量纲泥沙粒径 d_s/D_u，Shields 数 $\tau_{*u} = D_u S/(\Delta d_s)$，雷诺数 $R_p = (\Delta g d_s^3)^{1/2}/v$，其中 $\rho_R = \rho_s/\rho_b - 1$ 为泥沙的相对密度。输入参数是沿弯道中心线的平面坐标 s、沿程的宽度变化 $B(s)$、上游流量 Q、主流方向的平均床面坡度 S，以及泥沙特征粒径 d_s；模型的输出结果是两侧岸壁前的流速、水深及床面高层。

弯道迁移模块则可表示为以下卷积公式：

$$\frac{\partial \zeta}{\partial s} = \frac{\partial \theta}{\partial t} - \frac{\partial \theta}{\partial s}\int_0^s \zeta \frac{\partial \theta}{\partial s} \mathrm{d}s \tag{4.1}$$

式中，ζ 为弯道中心线迁移距离（m），其他变量见图 4.1。为求解式（4.1），可将弯道离散为一系列散点，对于第 i 号散点，经过一个时步长后的新坐标为

$$x_i^{k+1} = x_i^k - \Delta t_i^k \frac{\zeta_i^k + \zeta_i^{k-1}}{2} \sin \theta_i^k \tag{4.2}$$

$$y_i^{k+1} = y_i^k + \Delta t_i^k \frac{\zeta_i^k + \zeta_i^{k-1}}{2} \cos \theta_i^k \tag{4.3}$$

式中，$x_i^{k+1} = x_i(t^{k+1})$，$y_i^{k+1} = y_i(t^{k+1})$。

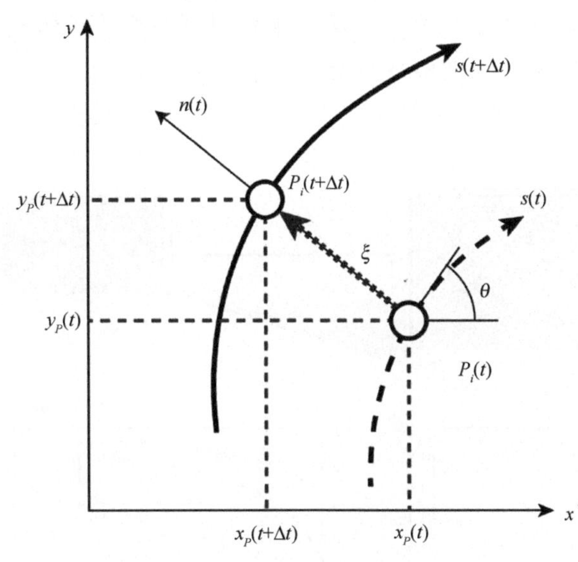

图 4.1　弯道迁移模块示意

取自文献（Bogoni et al., 2017）

4.1.2　弯道迁移模型和边壁坍塌模型的耦合

常见弯道模型通常将边壁侵蚀和淤积速率与近岸流速线性相关，如 HIPS 模

型（见第 1.2.4.1 节），往往忽略了边壁坍塌过程。为考虑边壁坍塌的作用，本节将弯道迁移模型与坍塌模型耦合。

假定边壁淤积过程仅受泥沙沉积影响，而边壁后退则由水流引起的边壁侵蚀和重力引起的边壁坍塌共同决定，见图 4.2a。此外，假定泥沙的侵蚀和淤积是两个相互独立的过程，由过量剪切应力公式计算：

$$\varepsilon_E = R_E M_e \left(\frac{\tau_b - \tau_c}{\tau_c} \right) \tag{4.4}$$

$$\varepsilon_D = R_D M_d \left(\frac{\tau_d - \tau_b}{\tau_d} \right) \tag{4.5}$$

式中，ε_E和ε_D分别为边壁侵蚀和淤积速率（m/s）；M_e和 M_d分别为侵蚀和淤积系数（m/s）；均设置为 1×10^{-6} m/s，τ_b为近岸水流切应力（Pa）；τ_c和τ_d分别为边壁侵蚀和淤积的临界切应力（Pa），分别设置为 3 和 10；R_E和 R_D为比例系数，用于约束弯道宽度。基于实测资料，弯道在横向迁移过程中趋向于保持恒定的宽度（Nanson et al.，1983；Lagasse et al.，2004；Mason et al.，2019），且宽度的波动可以通过概率密度函数（*PDF*）来描述（Lopez Dubon et al.，2019）。本书采用概率法来控制弯道宽度，并引入 *PDF* 来调节边壁的侵蚀和淤积速率。具体而言，根据所选 *PDF* 的累积密度函数（*CDF*）来计算式（4.4）和式（4.5）中的参数 R_E和 R_D。为简化问题，本研究选择高斯分布，见图 4.2b。

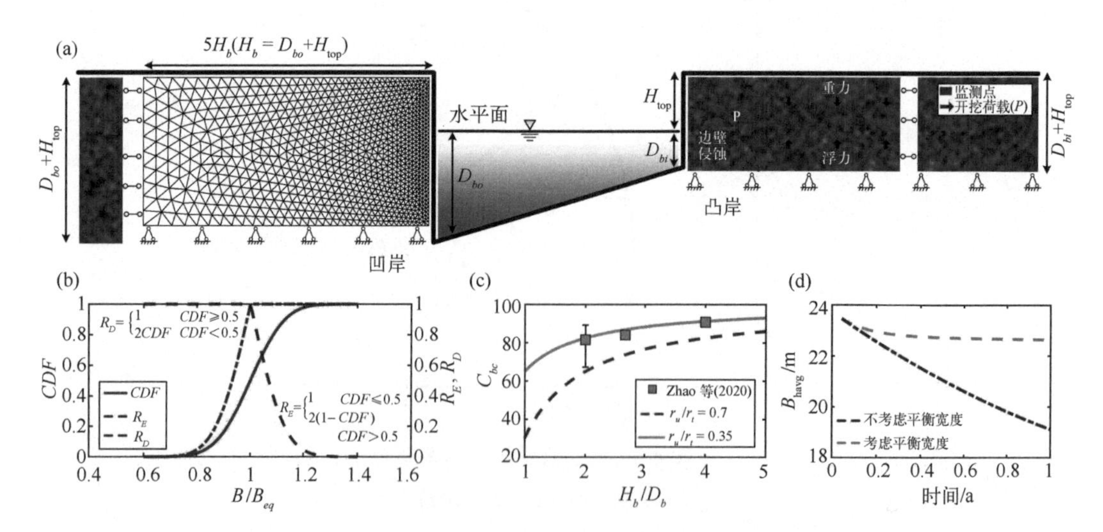

（a）弯道断面示意；（b）高斯分布假设下的 R_D和 R_E取值；（c）坍塌贡献率 C_{bc}与岸壁高度 H_b、近岸水深 H_w的关系；（d）概率法对弯道宽度变化的影响。

图 4.2 弯道迁移模型和边壁坍塌模型耦合示意

边壁坍塌则通过应力-应变分析法或实验得出的经验关系进行模拟。应力-应变分析法的介绍和求解方法见第 2.1.2 节。岸壁高度 H_b（$= D_{b0} + H_{top}$）由近岸水深 H_w 和水位以上岸壁高度 H_{ub} 计算得出（图 4.2a）。为降低侧向边界对土体应力分布的影响，两侧岸壁宽度均设置为 $5H_b$。在每个时步长内，边壁的净侵蚀、淤积速率由 $\varepsilon_E - \varepsilon_D$ 计算得出。然后，根据岸壁剖面设置的监测点，确定边壁侵蚀后的剖面形态，进而调整坍塌模型的计算域。

此外，边壁坍塌还可以被简化为连续过程，将坍塌贡献率 C_{bc} 与相对水深 H_w/H_b 相关联：

$$C_{bc} = 1 - \frac{r_u}{r_t}\frac{H_w}{H_b} \tag{4.6}$$

式中，r_u 为岸壁底部侵蚀速率（m/s）；r_t 为岸壁顶部后退速率（m/s）。r_u/r_t 的取值与破坏类型以及土壤性质（例如，内聚力和含水量）有关。对于粉砂质边壁的绕轴破坏，本研究开展的水槽试验结果表明 r_u/r_t 约为 0.35，见第 3.2.2 节。鉴于天然弯道通常由黏土和粉砂构成，本研究选择相对较大的 r_u/r_t 值（图 4.2c）。因此，近岸水流引起的侵蚀速率可乘以 C_{bc}，来表征边壁坍塌对岸壁侵蚀后退速率 ε_R 的影响：

$$\varepsilon_R = \frac{\varepsilon_E}{0.7}\frac{H_b}{H_w} \tag{4.7}$$

4.1.3　模型设置

弯道的初始形态设置为正弦曲线，笛卡儿坐标系下无量纲波长为 $L_b/B_{havg} = 40$，其中 B_{havg} 为弯道沿程宽度平均值的一半；初始振幅分别设为 $A = 2B_{havg}$ 和 $A = 6B_{havg}$。为阐明弯道迁移和边壁坍塌的相互作用，所有算例中地貌参数和土工参数设为相同值。相应的参数设置如下：半宽与深度比值 $\beta = 27$，无量纲泥沙粒径 $d_s = 0.003$，Shields 数 $\tau_{*u} = 0.06$，雷诺数 $R_p = 127$，土壤内聚力 $c = 10$ kPa，以及抗拉强度 $\sigma_t = 3.5$ kPa。其他土工参数的取值见文献（Gong et al., 2018）。尽管坍塌泥沙引起的掩护效应可以通过遮蔽系数来表示（Parker et al., 2011; Motta et al., 2014），但本研究决定减少参数个数，将掩护效应嵌入到调节宽度的概率法中（Lopez Dubon et al., 2019）。此外，通过对 Exner 方程进行积分，可以考虑宽度变化的影响（Monegaglia et al., 2019）：

$$(1 - e_b) B_{havg} \frac{\mathrm{d}}{\mathrm{d}t}(L\Delta\eta) = Q_{out} - Q_{in} - (1 - e_f) H_b \frac{\mathrm{d}}{\mathrm{d}t}(L B_{havg}) \tag{4.8}$$

式中，e_b和e_f分别为底床和边壁土体孔隙率；B_{havg}为沿程平均半宽（m）；L为弯道长度（m）；$\Delta\eta$为弯道上下游高程差（m）；Q_{out}为水流挟沙能力；Q_{in}为上游来沙通量。为突出边壁坍塌对弯道地貌形态演变的作用，本书假定Q_{out}与Q_{in}相等。上下游高程差可通过离散式（4.9）求解：

$$\Delta\eta_k = \frac{\Delta t\, L_{k-1}\Delta\eta_{k-1}}{L_k} - \frac{1-\rho_f}{1-\rho_p}\frac{H_b(L_k - L_{k-1})}{L_k} \tag{4.9}$$

式中，k表示当前时间步长。基于更新的上下游高程差和弯道长度，迭代弯道迁移模型的输入参数，可重新获取弯道内的水动力信息。图4.2展示了采用上述概率法时，弯道宽度达到平衡值B_{eq}的过程。为更好地阐明结果，用Case A表示无边壁坍塌的算例，Case B表示通过式（4.7）模拟的边壁坍塌，Case C表示通过应力-应变分析法进行的模拟。

4.2 边壁坍塌沿弯道的分布特征

当弯道从小振幅逐渐发展到大曲率形态时，初始散乱分布的坍塌过程逐渐趋向于在水流切应力峰值区域发生，并且坍塌位置的沿程分布可用正态分布的概率密度函数拟合，如图4.3a所示。对于曲率较小的弯道（初始弯道振幅$A=2B_{\mathrm{havg}}$，B_{havg}为弯道平均半宽），坍塌位置的沿程分布呈现“宽浅”形（正态分布的期望值$m=0.36$，标准差$s=0.19$，图4.3a中实线T1），而大曲率弯道（$A=12\,B_{\mathrm{havg}}$）的拟合曲线则为“窄深”形（$m=0.26$，$s=0.03$，图4.3a中实线T2）。相对水深H_w/H_b的改变可得到类似结论：相对水深的降低会导致坍塌过程出现更为频繁（图4.3a中虚线T1和虚线T2）。上述过程在弯道曲率较小时尤为明显（例如，$A=2B_{\mathrm{havg}}$）：边壁坍塌更为频繁地发生在水流切应力峰值的上游或下游区域。这是因为弯道沿程的水流切应力差值较小，因此岸壁的稳定性由相对水深决定。当相对水深较大时，易发生绕轴破坏，导致显著的岸壁后退过程（图4.3b~c以及第2章）。随着弯道发展，或初始弯道曲率较大时（例如，$A=12B_{\mathrm{havg}}$），边壁坍塌通常发生在水流切应力的峰值区域，与相对水深无关。这是因为弯道沿程的水流切应力差值较大，除弯道顶部，其他区域的水流切应力无法触发边壁侵蚀和坍塌。此时岸壁的稳定性由水流引起的边壁侵蚀主导。

上述结果表明，边壁坍塌以及岸壁后退速率峰值，并不总是出现在水流切应力的峰值区域，质疑了岸壁侵蚀的连续性假定：即岸壁侵蚀后退速率与流速或切应力线性相关，如文献（Ikeda et al., 1981）。由于弯道水深沿程不断变化，因此表征岸壁稳定性的相对水深也随之变化（见第 2 章和第 3 章）。当模拟弯道演变时，将边壁坍塌过程简化为岸壁坡度或岸壁高度的函数也是值得商榷的。此外，边壁坍塌过程加快岸壁侵蚀后退速率，提高弯道振幅，进而增大弯道曲率。后者反过来影响坍塌的发生位置，体现了边壁坍塌和弯道迁移的协同作用。

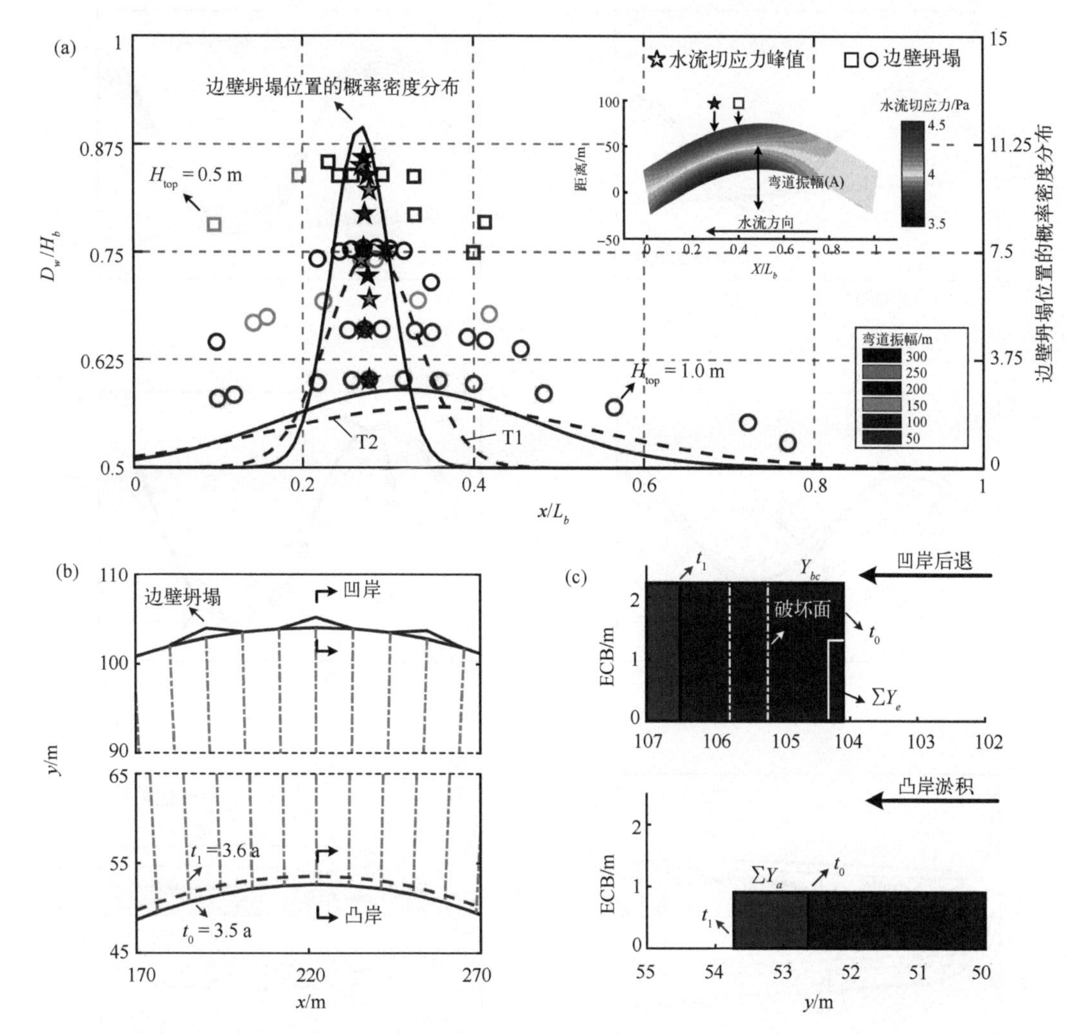

（a）图中曲线为拟合的坍塌位置正态分布概率密度函数，其中，实线 T1（正态分布的期望值 $m=0.36$，标准差 $s=0.19$）和实线 T2（$m=0.26$，$s=0.03$）分别对应于初始振幅 A 为 $2B_{havg}$ 和 $12B_{havg}$；虚线 T1（$m=0.28$，$s=0.1$）和虚线 T2（$m=0.32$，$s=0.15$）分别对应于水面以上岸壁高度 H_{ub} 为 1 m（圆圈）和 0.5 m（方块）；（b）弯道迁移过程的俯视图和断面图；ECB 为距离近岸底部的高度，Y_e 和 Y_a 分别为边壁侵蚀、淤积速率，Y_{bc} 为边壁坍塌距离，B_{havg} 为弯道平均半宽。

图 4.3　坍塌发生位置沿弯道分布特征

4.3 弯道迁移过程中的追赶行为

图 4.4 示出了有无边壁坍塌作用下的弯道演变过程。考虑边壁坍塌可以改变弯道的迁移速率，其效果取决于弯道曲率以及如何描述坍塌过程。对于小曲率弯

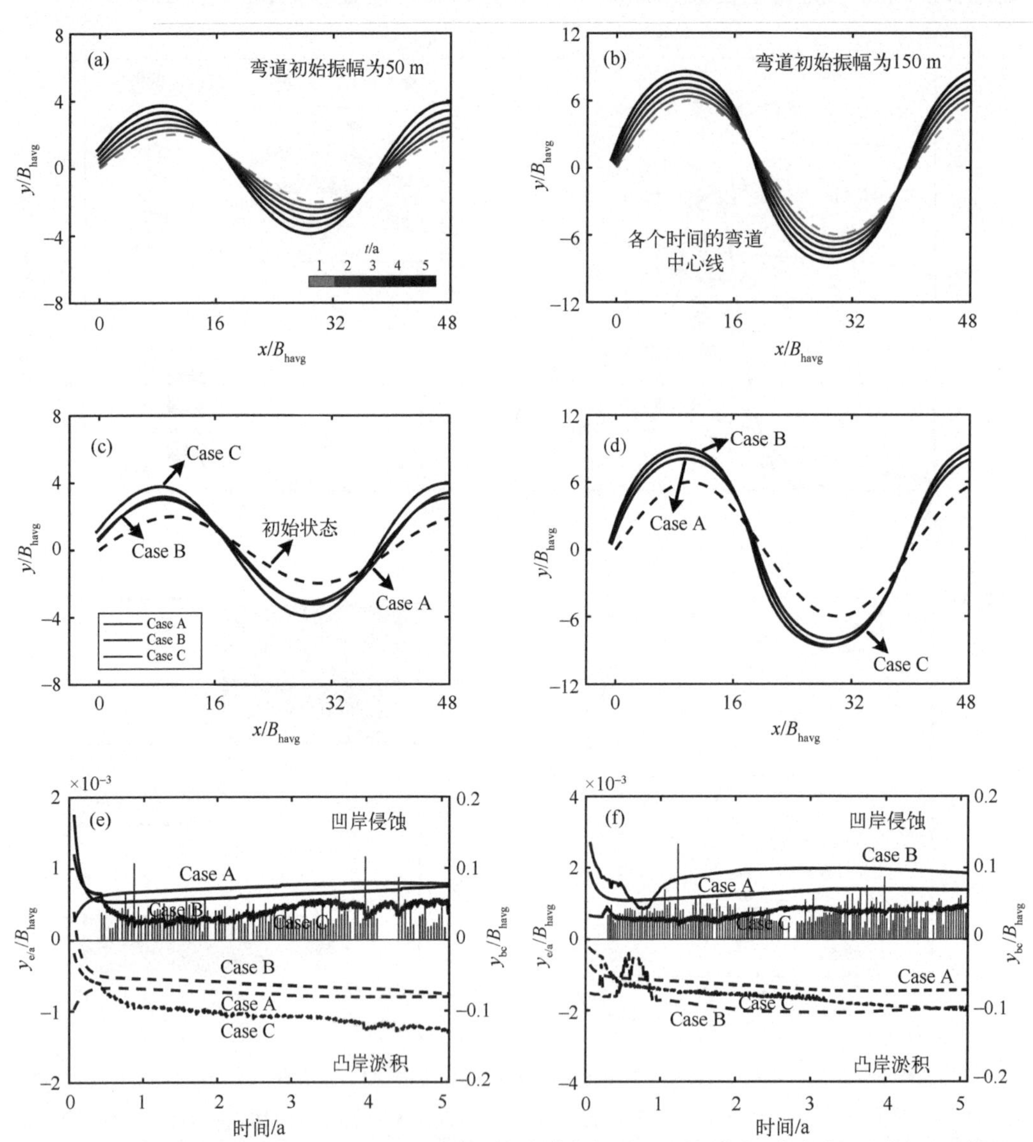

(a)(b)初始弯道振幅分别为 50 m 和 150 m 条件下的弯道演变过程，采用应力-应变分析法模拟边壁坍塌；(c)(d)初始弯道振幅分别为 50 m 和 150 m，弯道演变 5.1 a 后各算例的中心线示意；(e)(f)各算例中边壁侵蚀速率和边壁坍塌距离随时间变化；$Y_{e/a}$为边壁侵蚀/淤积速率；Y_{bc}为边壁坍塌距离；B_{havg}为弯道半宽，曲线对应 y 轴左侧，柱状线对应 y 轴右侧。

图 4.4 边壁坍塌作用下的弯道演变过程

道（例如，弯道振幅 $A=2B_{\text{havg}}$），采用应力-应变分析法来模拟边壁坍塌过程会大幅提高弯道的迁移速率。取而代之的，将边壁坍塌过程参数化处理［通过坍塌贡献率，见式（4.7）］，则会略微降低弯道的迁移速率。在较大水流切应力的作用下，凹岸发生边壁坍塌的频率更高。与之对应的，由于较低的边壁侵蚀速率，凸岸逐渐被淤积主导（图 4.4e）。当采用应力-应变分析法时，间歇性的边壁坍塌过程会大幅增强凹岸的侵蚀速率，进而加速弯道的迁移过程。然而，若将边壁坍塌参数化处理，简化为连续过程时，则会获得相反的结论（图 4.4c）。上述差异是因为弯道的迁移不仅与凹岸的侵蚀速率有关，还受到凸岸淤积速率的影响。当弯道曲率较小时，两侧岸壁的相对水深较大，由于泥沙沉积而产生的淤积过程相当缓慢。当使用式（4.7）来描述边壁坍塌过程时，较大的相对水深导致凸岸面临较大的侵蚀速率，影响凸岸的整体淤积。因此，弯道整体的迁移速率受到制约，该过程会持续到水流切应力无法触发凸岸边壁侵蚀为止。

图 4.5 给出了参数敏感性分析，表明 R_e/R_r 和 H_{ub} 的取值对上述结论均无影响，即边壁坍塌会增加或减小弯道迁移速率，取决于坍塌的描述方法。此外，H_{ub} 值越大，坍塌引起的弯道迁移速率增幅也越大。这是因为 R_e/R_r 对两侧岸壁有着等效的影响（即加快岸壁的侵蚀后退），而 H_{ub} 却影响岸壁的稳定性，随着弯道沿程的水深变化而变化。对于大曲率弯道（例如，弯道振幅 $A=6B_{\text{havg}}$），采用应力-应变分析法或式（4.7）来描述边壁坍塌过程，均可加快弯道的迁移速率。这是因为此时凸岸的侵蚀速率远低于淤积速率，而边壁坍塌却在凹岸提供额外的侵蚀速率，加快弯道的迁移（图 4.4d 和图 4.4f）。

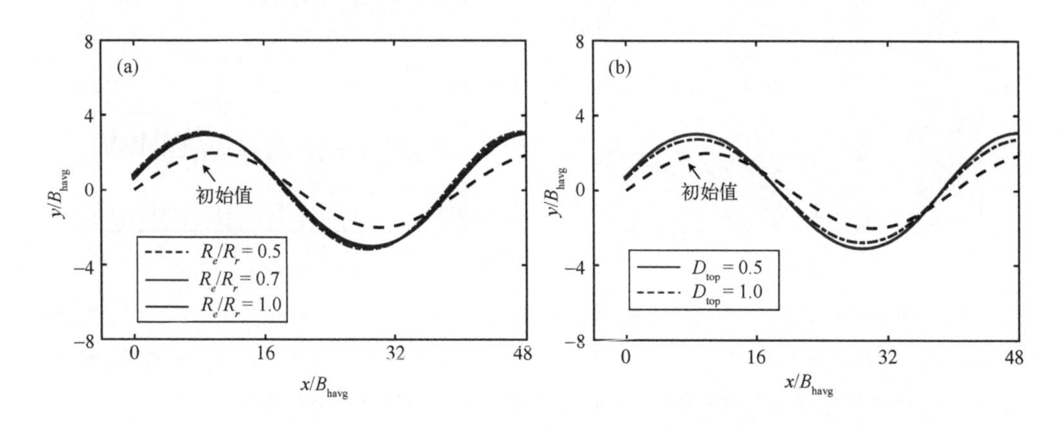

图 4.5　弯道中心线随 R_e/R_r 和 H_{ub} 取值的变化

弯道向渐近态（即凹岸侵蚀速率大致等于凸岸淤积速率）的演变过程取决于边壁后退模型，如图 4.6 所示。虽然边壁坍塌作用下的弯道宽度仍向平衡宽度演变，边壁坍塌对侵蚀和淤积速率的影响不容忽视。例如，当使用式（4.7）模拟边壁坍塌时，凹岸和凸岸的相互作用可能从两侧岸壁侵蚀转变为 bank pull（凹岸侵蚀速率大于凸岸淤积速率，图 4.6a）。相反的，当通过应力-应变分析法模拟边壁坍塌时，坍塌发生后即可观察到边壁侵蚀速率的大幅降低，并且上游和下游的坍塌过程会加剧侵蚀速率曲线的波动（图 4.6b）。因为边壁坍塌过程是间歇性的、可引起显著的岸壁后退（相比于边壁侵蚀过程），弯道迁移可描述为周期性过程：凹岸的间歇性后退和凸岸的持续追赶（图 4.6c）。上述追赶过程不仅与局部的边壁坍塌有关，还受到土体性质和相邻断面坍塌的影响。具体而言，土体内聚力越高，坍塌的频率越小但单次坍塌引起的后退距离越大，从而导致更长的追赶时间（图 4.6b 和 4.6d）。

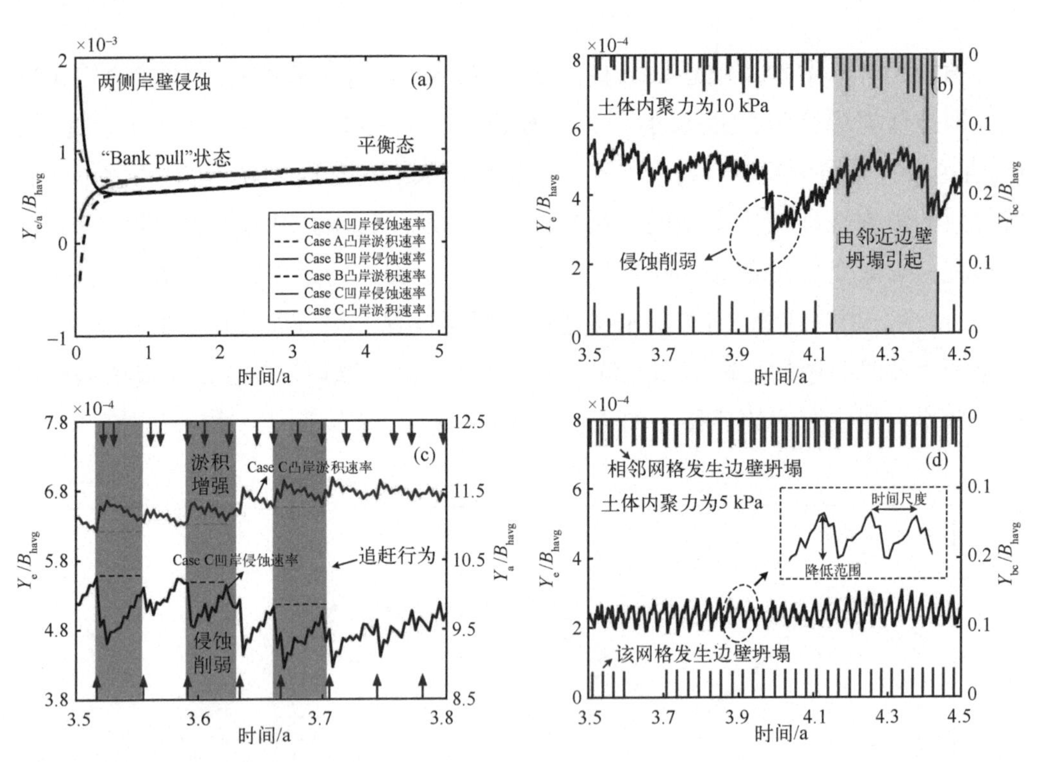

（a）凹岸侵蚀和凸岸淤积速率随时间变化，忽略边壁坍塌过程或使用式（4.7）模拟；（b）（d）凹岸侵蚀速率随时间变化，采用应力-应变分析法模拟边壁坍塌，土体内聚力分别设为 5 kPa 和 10 kPa；（c）弯道迁移过程中的追赶行为，Y_e、Y_a 分别为边壁侵蚀、淤积速率。Y_{bc} 为边壁坍塌距离，B_{havg} 为弯道半宽。

图 4.6　弯道迁移过程中凹岸侵蚀和凸岸淤积速率

上述结果表明，对于小曲率弯道的短期演变，将边壁坍塌过程参数化处理并不合理，因为弯道迁移本质上是凹岸和凸岸之间的追赶过程（Nanson et al., 1983；Mason et al., 2019）。因此，忽略边壁坍塌过程或将其参数化处理可能低估弯道的迁移速率。基于模型结果，本研究发现可以用凹岸、凸岸之间周期性的追赶行为来描述弯道迁移过程。追赶行为由间歇性的边壁坍塌驱动，可分为 3 个阶段，如图 4.7 所示。在第 Ⅰ 阶段，单次或一系列的边壁坍塌过程会形成凹形岸线，其位置和大小取决于弯道曲率以及相对水深。在此阶段，发生坍塌的断面，其宽度显著增加。在第 Ⅱ 阶段，宽度的增加调制了边壁的侵蚀速率，促进沉积，引起凹岸和凸岸之间的追赶行为。弯道宽度持续减小，直到凸岸的淤积速率达到极小值为止。因为凸岸的淤积速率明显小于凹岸的侵蚀速率，弯道达到平衡宽度所经历的追赶时间较长。在此期间，相邻断面的侵蚀速率增加，平滑岸线，并加快弯道的整体迁移。在第 Ⅲ 阶段，一个追赶周期结束，弯道向上游或下游方向迁移，迁移方向取决于弯道顶点和水流切应力峰值区域的相对位置，见文献（Lanzoni et al., 2006）。

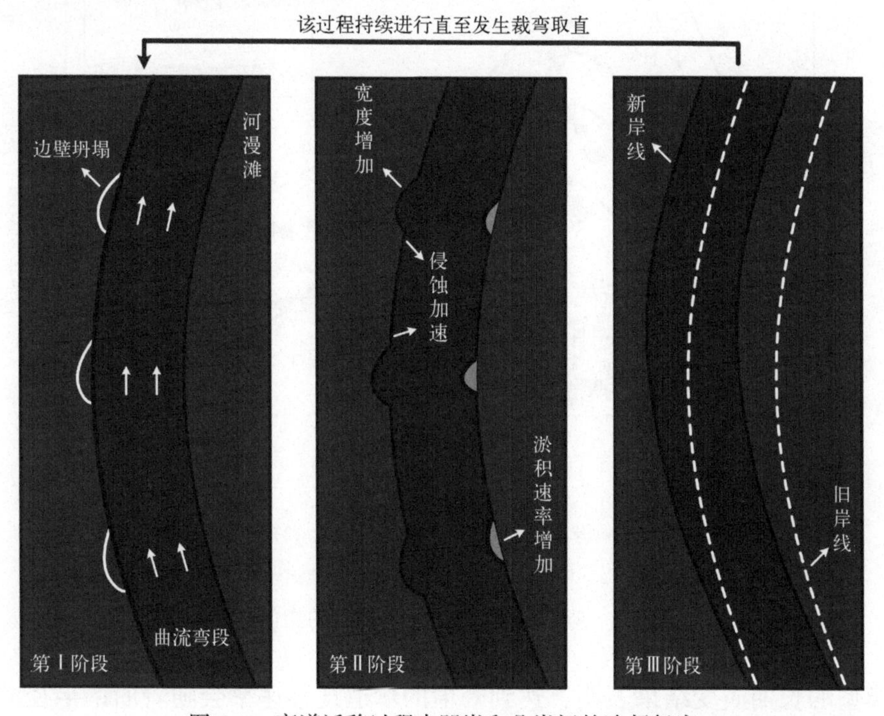

图 4.7　弯道迁移过程中凹岸和凸岸间的追赶行为

4.4 边壁坍塌对弯道的迁移速率贡献

实测数据表明，弯道的迁移速率取决于弯道曲率，如图4.8所示。经弯道平均宽度 B_{avg} 标准化后，弯道顶端的迁移速率 R_m^*（$=R_m/B_{avg}$）与无量纲曲率半径 R^*（$=R/B_{avg}$）之间呈钟形分布。随着 R^* 值的降低，弯道迁移速率先缓慢增加，在 $2<R^*<4$ 时达到峰值，随后大幅降低。本书使用对数正态分布函数来拟合模型结果（Finotello et al.，2018），可较好地复演上述趋势（即弯道迁移速率在 $2<R^*<4$ 时达到峰值）。边壁坍塌过程不会改变（$R_m^*\sim R^*$）曲线的形状，却可显著提高弯道迁移速率。

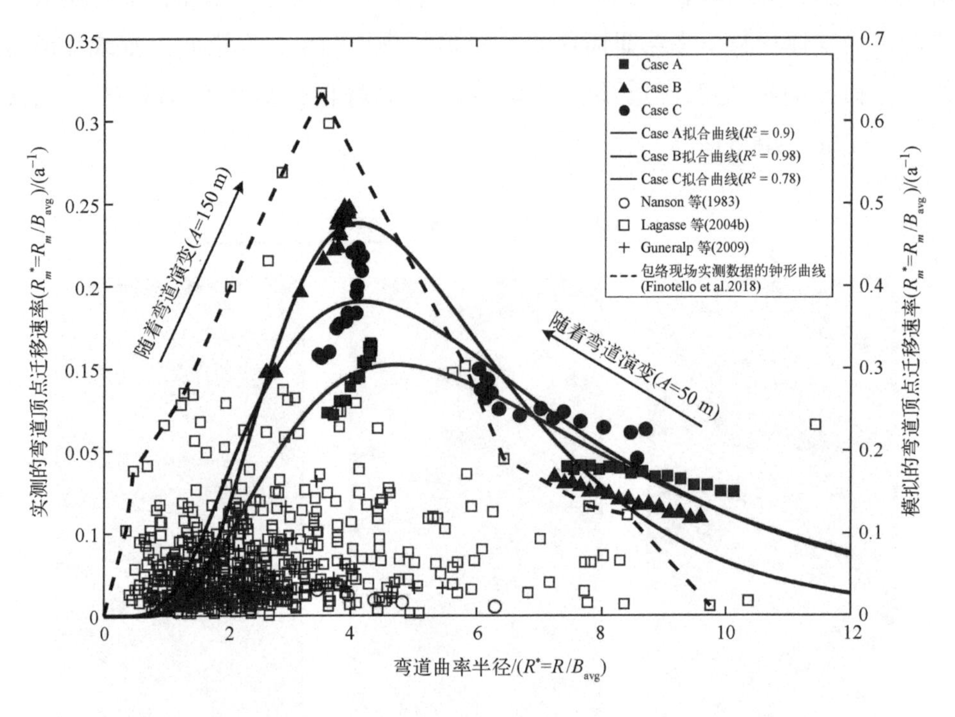

Case A 表示无边壁坍塌的算例；Case B 通过式（2.13）模拟边壁坍塌；

Case C 通过应力-应变分析法进行模拟。

图4.8 弯道迁移速率随曲率半径的变化过程

模型的长期演变结果表明，达到峰值的弯道迁移速率会随着曲率半径的增加逐渐减小，该过程可描述为磁滞回线，如图4.9所示。当初始形态为小曲率的正弦函数时（$A=2B_{havg}$），弯道的迁移和拉伸使得曲率逐渐变大。当通过应力-应变分析法模拟边壁坍塌过程时，该现象尤为显著。这是因为较大的相对水深会引发更为频繁的坍塌过程（见图 4.3）。弯道曲率的增加反过来增强凹岸的侵蚀速率，因此随着R^*的减小，R_m^*逐渐增加（图 4.8 和图 4.9b）。该过程一直持续到弯道曲率足够大，使得凹岸侵蚀过程由水流切应力主导（见第 4.2 节）。在上述情况下，水流切应力的峰值区域取决于近岸流速和弯道中心线之间的相位差。该相位差由横向环流驱动，决定了边壁坍塌的出现位置。因此，弯道振幅的增速 $\mathrm{d}Y/\mathrm{d}t$ 先增加后缓慢减小，而弯道沿上游或下游的迁移速率 $\mathrm{d}X/\mathrm{d}t$ 则持续降低［图 4.9c，另见文献（Seminara et al.，2001）］。此外，由于弯道拉伸，蜿蜒底床的坡度降低，导致宽度减小。该过程加剧了弯道顶点处R^*值的增加（图 4.9d）。因此，当弯道从小曲率开始演变时，R_m^*首先随R^*的减小而增加，达到峰值后，随着R^*的增加而缓慢减小（即磁滞回线，见图 4.9b）。

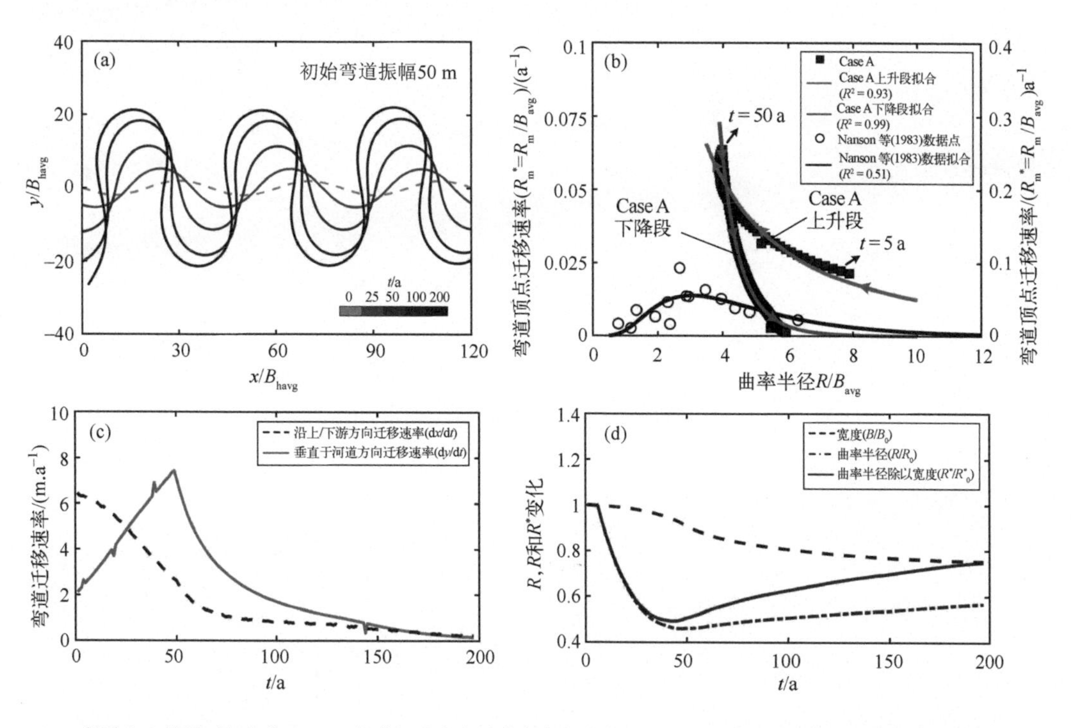

（a）弯道中心线随时间变化；（b）弯道迁移速率随曲率半径的变化过程；（c）弯道迁移速率随时间变化过程，其中虚线为沿水流方向；实线为沿垂直于岸壁方向；（d）弯道宽度 B、曲率半径 R 随时间变化过程。

图 4.9　长周期时间尺度下的弯道演变过程

虽然模型结果能够复演 $2<R^*<4$ 时的弯道迁移速率峰值，但是无法解释随后的迁移速率降低。Eke 等（2014b）也报道了类似的结果，发现弯道迁移速率在达到峰值后逐渐降低，满足磁滞回线而非钟形曲线。这可能是因为解析模型的局限性，对于大曲率弯道，水流模型的线性化假设不再成立。由于“饱和效应”

(Blanckaert, 2011; Ottevanger et al., 2013), 大曲率弯道沿程的横向环流分布不再变化。因此，需要进一步的研究来阐明边壁侵蚀、坍塌与弯道迁移之间的相互作用。需要注意的是，图 4.8 和图 4.9b 中实测数据并非按照时间序列排列，而是在弯道演变过程中随机选取。此外，自然界中弯道演变还会受到许多其他过程的影响，包括裁弯取直、河漫滩土体各向异性、植被生长以及坍塌土块。虽然模型中并未直接考虑坍塌土体的影响，但它的作用却间接地由参数 R_E 和 R_D 体现，将弯道宽度限制在合理范围内。显然，边壁坍塌引起的泥沙沉积可能会抑制或促进边壁的侵蚀过程 (Wood et al., 2001; Hackney et al., 2015), 对岸壁侵蚀后退速率起关键作用，因此需要进一步研究以阐明其作用。

第 5 章　边壁坍塌对潮滩-潮沟系统的地貌演变作用

基于恒定流量假设，第 4 章探究了边壁坍塌对潮沟弯道的影响，结果表明边壁坍塌可以显著改变岸壁的侵蚀后退速率，其效果取决于岸壁剖面的形态特征以及近岸的水动力过程。然而，自然界中潮沟受潮汐动力影响，频繁的淹没和露出过程会显著改变岸壁的剖面形态，影响坍塌的沿程分布特征。因此，需要研究往复流作用下的边壁坍塌过程及其地貌效应。

潮沟是潮汐环境下最鲜明的地貌特征单元（D'Alpaos et al., 2005；Perillo, 2009）。潮沟的陆侧部分通常被盐沼植物覆盖，在高潮位时淹没（Allen, 2000）。相反地，海侧部分的潮沟多为裸露状态，其高程介于平均低潮位和高潮位之间（Friedrichs, 2011）。潮沟是潮滩循环系统的"动脉"，由此输入或输出潮水、沉积物、有机质、营养物质以及污染物，从而决定了整个系统的演化和功能（Perillo, 2009；Lanzoni et al., 2015；Van Maanen et al., 2015）。潮沟提供了广泛的生态系统功能，例如，作为候鸟和底栖生物的栖息地，并为鱼类养殖提供场所（Van der Wegen et al., 2008；Barbier et al., 2011；Fagherazzi et al., 2012；Coco et al., 2013）。

达到平衡态时，潮沟的形态特征可通过经验或半经验公式进行研究。O'Brien（1931）和 Jarrett（1976）进行了有关潮沟断面面积与纳潮量的开创性研究工作，即提出 P-A 关系。Friedrichs（1995）通过理论推导，采用峰值流量建立了类似的关系，即 Q-A 关系。上述线性关系由 D'Alpaos 等（2010）和 Xu 等（2017）进一步研究和扩展，应用于潮汐网络的研究。基于河流形态动力学研究（Parker, 1978；Ikeda et al., 1988；Pizzuto, 1990），Fagherazzi 等（2001）提出了一种潮沟断面演变模型，重点研究盐沼滩潮沟及相邻滩面的动力地貌过程。该模型随后被应用于光滩潮沟的演变研究，如文献（Lanzoni et al., 2015；Xu et al., 2019）。近些年，已采用基于过程的动力地貌模型来研究潮滩和潮沟的动态演变，耦合诸如风浪、固结和边壁侵蚀等附加过程，见文献（Van der Wegen et al., 2008；Zhou et al., 2016b；Zhou et al., 2016a）。但是，很少有从土力学角度来考虑边壁坍塌过程的研究。野外观测结果表明（Ginsberg et al., 1990），潮沟中经常发生水流冲刷和边壁坍塌过程，从而导致整个潮滩-潮沟系统的快速演变。

关于潮汐动力下的边壁坍塌，Van Eerdt（1985）基于“梁弯曲理论”评估了悬臂状盐沼陡坎的稳定性。Ginsberg 等（1990）报道了潮沟岸线侵蚀尖端的起源和发展，表明过大的岸壁坡度是引起边壁坍塌的主要原因。Gabet（1998）进一步指出，边壁坍塌产生的沉积物是造成盐沼潮沟“侵蚀悖论”的原因，即边壁坍塌过程频繁发生，潮沟的横向迁移速率仍然较小。Chen 等（2012）强调了植被根系以及土体固结过程对边壁稳定性的作用，表明岸壁上部的稳定性主要与植被根系有关，而固结过程显著影响岸壁下部的稳定性。为阐明盐沼潮沟与相邻滩面之间的泥沙交换过程，一些学者提出了参数化模型，将土体蠕变速率与岸壁坡度和土壤扩散系数相关联，如文献（Kirwan et al.，2007；Larsen et al.，2007）。尽管能够重现岸壁的后退过程，但参数化模型并未阐明边壁坍塌的力学机理，如第 2 章研究结果表明，边壁坍塌可以分为 3 个阶段：坡脚土体单元剪切破坏、岸壁顶部土体单元拉破坏，以及形成整体的贯穿面。此外，当边壁坍塌发生时，大块土体会沉积在岸壁坡脚处。坍塌的泥沙可以暂时保护岸壁免受水流侵蚀的影响，并逐渐被潮流和波浪侵蚀。以往研究将坍塌泥沙置于假设的“黑匣子”中，边壁侵蚀时使其优先于边壁泥沙（Langendoen，2000；Lai et al.，2015）。虽然“黑匣子”方法体现了坍塌泥沙的掩护作用，但是忽略了坍塌泥沙引起的近岸地形演变。

综上所述，本章研究往复流作用下的边壁坍塌过程及其地貌效应，建立“水-沙-坍塌-地貌演变”耦合模型，复演潮沟从快速拓宽到动态平衡的过程。基于近岸水动力特征，探究潮沟边壁剖面的时空分布规律；阐明边壁侵蚀、坍塌对潮滩-潮沟系统地貌演变的贡献。通过与实测数据对比，分析潮沟特征参数随环境变量的变化趋势，对潮滩-潮沟系统的发展及演变机制进行深入解读。

5.1 潮滩-潮沟系统“水-沙-坍塌-地貌演变”耦合模型

潮滩-潮沟系统“水-沙-坍塌-地貌演变”耦合模型由水动力模型、泥沙输运模型、床面演变模型，以及边壁侵蚀和坍塌模型组成，如图 5.1 所示，模型的部分代码见附录 A。潮流过程引发边壁侵蚀和坍塌，驱动潮沟拓宽。结合泥沙输运过程，影响潮滩-潮沟系统的地貌演变，后者随即反馈到潮流动力。本节对上述模型以及模型间的耦合进行详细介绍。其中，水动力模型的相关信息见第 3.1.1 节。

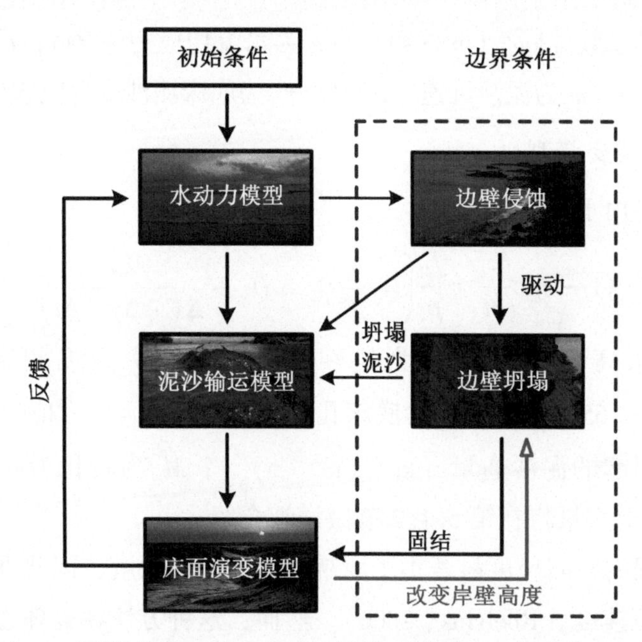

图 5.1　潮滩-潮沟系统“水-沙-坍塌-地貌演变”耦合模型流程

5.1.1　潮滩-潮沟演变地貌模型

5.1.1.1　泥沙输运模型

为突显边壁坍塌对潮滩-潮沟系统地貌演变的作用，本研究忽略了推移质泥沙输运过程。悬移质泥沙输运过程采用二维对流扩散方程进行模拟：

$$\frac{\partial(c_s h)}{\partial t}+\frac{\partial(uc_s h)}{\partial x}+\frac{\partial(vc_s h)}{\partial y}=\frac{\partial}{\partial x}\left(h\cdot K_x\cdot\frac{\partial c_s}{\partial x}\right)+\frac{\partial}{\partial y}\left(h\cdot K_y\cdot\frac{\partial c_s}{\partial y}\right)-Q_d+Q_e+Q_{be} \tag{5.1}$$

式中，u 为 x 方向流速；v 为 y 方向流速；h 为水深；c_s 为垂向平均的悬移质泥沙的质量浓度（kg/m^3）；K_x 和 K_y 为悬移质泥沙扩散系数（m^2/s）；Q_{be} 为边壁侵蚀引起的泥沙通量［kg/（m^2·s）］，将在第 5.1.2 节中详细介绍；Q_e 和 Q_d 分别用来描述底床泥沙的侵蚀和沉积通量［kg/（m^2·s）］（Krone，1962；Partheniades，1965）：

$$Q_e=\begin{cases}M_e\left(\dfrac{\tau_b}{\tau_{bc}}-1\right) & 当\ \tau_b>\tau_{bc}\\ 0 & 当\ \tau_b\leqslant\tau_{bc}\end{cases} \tag{5.2}$$

$$Q_d=\begin{cases}w_s c_s\left(1-\dfrac{\tau_b}{\tau_{bd}}\right) & 当\ \tau_b<\tau_{bd}\\ 0 & 当\ \tau_b\geqslant\tau_{bd}\end{cases} \tag{5.3}$$

式中，M_e为侵蚀系数［kg/（m^2 · s）］；τ_b为水流切应力（Pa）；τ_{bc}为底床泥沙临界起动应力（Pa）；w_s为泥沙沉速（m/s）；τ_{bd}为底床泥沙临界沉积应力（Pa）。

5.1.1.2 床面演变模型

床面演变可由下述公式表述：

$$(1-e_b)\frac{\partial z_b}{\partial t}=\frac{f_M}{\rho_s}\left(Q_d-Q_e-Q_b+\frac{M_{cl}}{\Delta x\cdot\Delta y\cdot\Delta t}\right) \tag{5.4}$$

式中，z_b为底床高程（m）；f_M为地貌加速因子；ρ_s为无空隙的泥沙密度（kg/m^3），设为2 650 kg/m^3；e_b为底床孔隙率，设为0.43（Zhou et al., 2016a）；Q_b为边壁后退引起的泥沙通量［kg/（m^2 · s）］；M_{cl}为转化为底床的坍塌泥沙质量（kg），以上变量将在第5.1.2节做详细介绍。

水动力过程的时间尺度显著小于地貌演变的时间尺度，因此可用地貌加速因子f_M来加快模拟速度（Roelvink, 2006）。然而，这种方法在处理边壁坍塌时不可行，因为边壁坍塌是一个瞬时过程。因此，当边壁坍塌发生时，将f_M设置为1，其他时步长内设为10。具体的操作过程为：在更新床面高程时，检查每个断面是否发生边壁坍塌。如果没有边壁坍塌发生，将f_M设置为10，否则将其设置为1。

5.1.2 边壁侵蚀和坍塌模型

为计算边壁侵蚀并更新岸壁剖面（图5.2c），从岸壁顶部到坡脚共设置20个监测点，其间隔为$H_b/20$。当监测点被水流淹没并且水流切应力大于边壁泥沙的临界起动应力时，发生边壁侵蚀。水流引起的边壁侵蚀速率用过量剪应力公式计算：

$$\varepsilon_E=M_e(\tau_b-\tau_c) \tag{5.5}$$

式中，ε_E为水流引起的边壁侵蚀速率（m/s）；τ_b为水流切应力（Pa）；τ_c为边壁泥沙的临界启动切应力（Pa）。τ_b由下式计算：

$$\tau_b=\rho_w g\vec{\boldsymbol{u}}|u|/C_z^2 \tag{5.6}$$

式中，ρ_w为水体密度（kg/m^3）；u为x方向流速；C_z为谢才系数。边壁侵蚀后退会引起悬移质泥沙质量浓度的增加，基于质量守恒，可由下述公式计算：

$$Q_{be}=\frac{\varepsilon_E\cdot\min\{h,\ H_b\}\cdot\rho_{\text{bank}}}{\Delta x} \tag{5.7}$$

式中，h为水深；H_b为岸壁高度（m）；ρ_{bank}为边壁土体密度（kg/m^3）。Q_{be}由坍

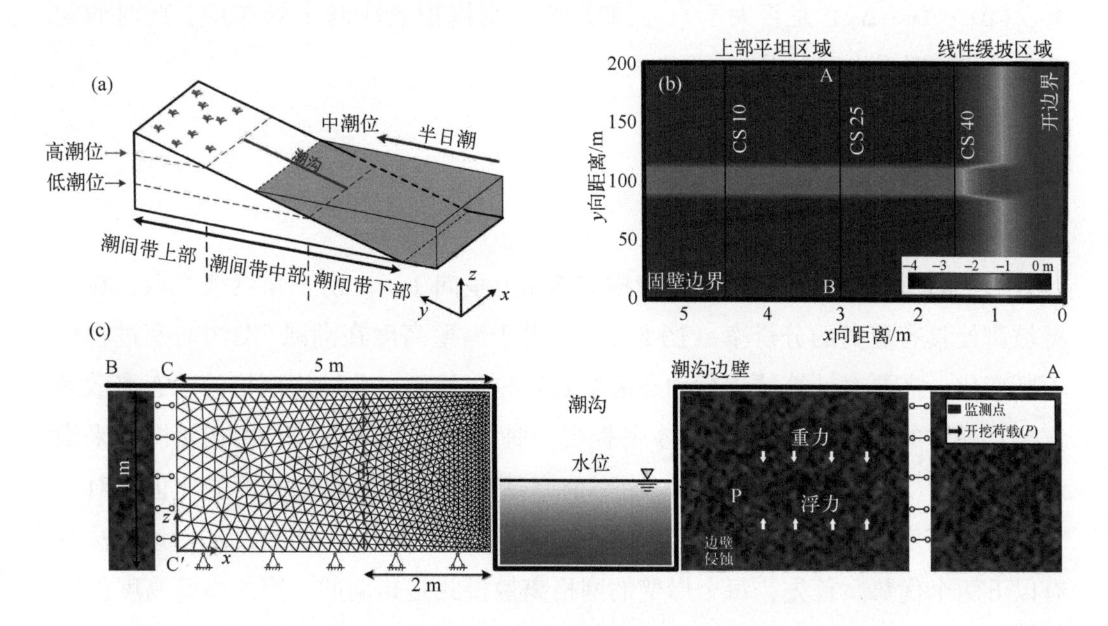

图 5.2 潮滩-潮沟系统“水-沙-坍塌-地貌演变”耦合模型示意

塌泥沙提供，若无坍塌泥沙，则由岸壁侵蚀泥沙提供。基于坍塌泥沙转化率 R_{cb}（即坍塌泥沙转化为底床的比率，见图 5.3），坍塌泥沙可以分为以下两个部分：

$$
\begin{cases} M_{cp} = (1 - R_{cb}) \cdot M_c \\ M_{cl} = R_{cb} \cdot M_c \end{cases} \tag{5.8}
$$

式中，M_{cp}为起掩护效应的坍塌泥沙质量（kg）；M_c为坍塌泥沙总质量，由破坏面位置和岸壁高度计算（图 5.3a）。当坍塌发生后，岸壁前底床高程根据 M_{cl}值进行调整［式（5.4）和图 5.3d］。R_{cb}与土壤类型（黏性或非黏性土）、水流强度以及暴露时间有关，且沿潮沟变化。为简化问题，本书假设 R_{cb}沿程不变，设为常数。由于坍塌泥沙的掩护效应，岸壁后退速率会显著降低。参照 Langendoen（2000）和 Lai 等（2015），掩护效应通过 M_{cp}的侵蚀来实现（即 Q_{be}有时来自坍塌泥沙）。因此，边壁侵蚀后退的泥沙通量 Q_b由下式修正：

$$
Q_b = \begin{cases} 0 & \text{当 } M_{cp} \geqslant Q_{be} \cdot \Delta t \cdot \Delta x \cdot \Delta y \\ Q_{be} - \dfrac{M_{cp}}{\Delta t \cdot \Delta x \cdot \Delta y} & \text{当 } M_{cp} < Q_{be} \cdot \Delta t \cdot \Delta x \cdot \Delta y \end{cases} \tag{5.9}
$$

式中，Q_b用于计算边壁侵蚀后退距离［式（5.4）］，而 Q_{be}用于模拟悬移质泥沙浓度增量［式（5.7）］。坍塌泥沙的掩护效应由下述方法实现。首先，根据水动力模型的网格步长和时步长将 M_{cp} 转换为悬移质泥沙通量。然后，判断

$M_{cp}/(\Delta t \cdot \Delta x \cdot \Delta y)$ 是否大于 Q_{be}，如果是，则掩护效应起主导作用，此时假定 Q_b 等于 0，即无岸壁后退。

5.1.3 数值方法

5.1.3.1 边壁坍塌

边壁坍塌的初始计算域设置为横向 5 m，垂向 1 m，由三角网格离散，在岸壁坡脚处具有更高的分辨率（图 5.2c）。由于岸壁高度在潮滩-潮沟演变过程中不断变化，需要对计算域进行动态离散及划分。然而，非结构网格的动态离散是复杂且耗时的（Chew，1989）。本书提出一种简单有效的方法，用初始网格来表示岸壁高度变化的影响。定义 R_{bh} 为当前岸壁高度与初始岸壁高度的比值。对于任意岸壁高度，计算域在横向为 $5\times R_{bh}$ m，垂向为 $1\times R_{bh}$ m，见图 5.3d。该方法具有以下两个优势。首先，每个岸壁的网格离散模式是相同的，因此岸壁高度仅影响应力分布的分辨率。由于有限元方法受网格离散模式的影响较大，相同的离散网格可促进结果的规律性。其次，该方法节省计算时间，避免了由于网格的动态离散和计算域的重新划分所引起的误差。坍塌模型底部设为固定边界，在水平和垂向上均不可移动，左侧（即图 5.2 中 CC′）在水平方向上固定，但允许垂向变形。一旦发生边壁坍塌，则重置计算域，保证坍塌模型的计算域在横向为 $5\times R_{bh}$ m，垂向为 $1\times R_{bh}$ m。

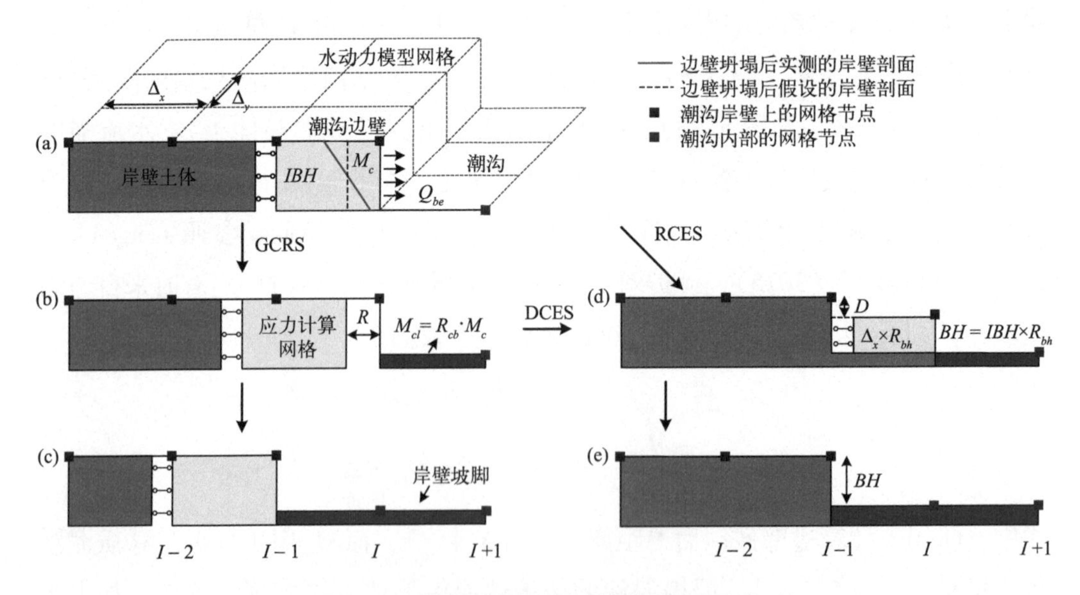

图 5.3 边壁坍塌模型与地貌模型耦合示意

5.1.3.2　耦合处理

现阶段，描述潮沟边壁侵蚀后退过程的方法有两种：干网格侵蚀法（DCES）和虚拟网格侵蚀法（GCRS）。DCES 格式被许多研究采用（Van der Wegen et al., 2008; Van der Wegen et al., 2010），将泥沙通量从湿网格重新分配到相邻的干网格（见第 1.2.4.1 节）。基于虚拟网格通常用于复杂岸线（Canestrelli et al., 2016），Gong 等（2018）提出了 GCRS 格式，根据岸壁前的水流切应力来模拟边壁后退过程。相较于 DCES 格式，GCRS 描述了边壁的后退过程，见图 5.3 a~c，而不是用岸壁高度的降低来代替。表 5.1 总结了上述两种方法的优缺点。为更好地模拟边壁后退过程，本章内容尝试将 DCES 与 GCRS 格式相结合，即 RCES 格式。当边壁坍塌发生时，基于质量守恒，假定新的岸壁剖面垂直（图 5.3a）。根据破坏面的位置，计算坍塌距离以及坍塌泥沙质量 M_c。对 GCRS 格式而言，重新定义坍塌模型的计算域，并记录后退距离 R（图 5.3b）。因此潮沟的宽度变化是间歇性的，直到累积的后退距离 R 达到水动力模型的网格步长 Δx（图 5.3b 和图 5.3c）。然而，边壁侵蚀坍塌产生的泥沙不断堆积在岸壁前，缩小过水断面面积。为保证质量守恒，GCRS 格式常要求水动力网格的步长尽可能小。对 RCES 格式而言，后退距离 R 通过质量守恒（类似 DCES）等效为岸壁高度的降低。同时，部分坍塌泥沙 M_{cl} 沉积在坡脚处，直接提高相邻的床底高程，见图 5.3d。因此需重新定义坍塌模型的计算域及网格信息。当岸壁高度降至极小值时，调整网格点以重新计算岸壁高度，完成边壁后退过程。例如，使用图 5.3d 中的 I 和 $I+1$ 点高程差计算前一时步长的岸壁高度，调整为使用 $I-1$ 和 I 点高程差计算。该方法既保证了质量守恒，又使得潮沟拓宽可即时反馈到流场。然而，岸壁的稳定性与边壁高度有关，因此 RCES 格式可能会低估边壁的侵蚀后退速率。表 5.1 给出了 RCES 的其他优缺点。

表 5.1　现有的边壁侵蚀后退描述方法的优缺点

方法	优点	缺陷
DCES	即时反馈到流场 无网格尺寸要求 质量守恒	忽略边壁坍塌过程
GCRS	考虑边壁坍塌过程	非即时反馈到流场 要求小尺寸网格

续表

方法	优点	缺陷
RCES	即时反馈到流场 考虑边壁坍塌过程 无网格尺寸要求 质量守恒	低估侵蚀后退速率

5.1.4 模型设置

模型的初始地形包括平坦的上部区域和倾斜的下部区域，坡度设置为0.2%，如图5.2a所示（Xu et al.，2017；Gong et al.，2017）。水动力模型的计算域长5 500 m、宽200 m。在上部平坦区，设置一条顺直潮沟：长4 km，宽20 m，深1 m（图5.2b）。应当注意的是，自然界中潮沟很少从梯形断面开始演变。此处，本书简化了潮沟断面形态，重点探究边壁坍塌对潮汐通道演变的影响。水动力模型采用均匀的矩形网格离散，网格步长分别为20 m和5 m。海侧边界设置为正弦半日潮，潮差为2 m。基于前人研究，曼宁系数设置为0.026 s/m$^{1/3}$（Van der Wegen et al.，2008），涡黏系数v_e设为1.0 m^2/s（Van der Wegen et al.，2008；Zhou et al.，2014）。水动力模型的时步长设置为6 s，以满足Couant和水平涡黏条件（见第3.1.1节）。

模型假设边壁侵蚀和坍塌在主流向100 m范围内完全相同，因此可将潮沟沿程分为50段。在每段中间设置横截面CS用于模拟边壁侵蚀和坍塌，各个横截面间相隔100 m。

模型中土体参数设置基于前人研究（Hanson et al.，2001；Simon et al.，2002b；Lai et al.，2015），并列于表5.2。本研究开发了一系列数值算例（表5.3），以探究以下各过程的影响：①不考虑边壁侵蚀和坍塌；②不考虑边壁坍塌；③同时考虑边壁侵蚀和坍塌；④改变边壁土的临界启动应力；⑤改变坍塌泥沙转化率R_{cb}。Run A（即编号A，见表5.3）表示不考虑边壁侵蚀和坍塌过程，Run B表示不考虑边壁坍塌过程，Run C表示同时考虑边壁侵蚀和坍塌过程。

表5.2 潮滩-潮沟系统“水-沙-坍塌-地貌演变”耦合模型默认参数

参数	单位	默认值
水动力模型		
水平涡黏系数v_e	m^2/s	1.0
曼宁系数	s/m$^{1/3}$	0.026

续表

参数	单位	默认值
边壁侵蚀模型		
边壁土侵蚀系数 M_e	kg/（m^2·s）	8×10^{-7}
边壁土临界启动应力τ_c	Pa	0.062
边壁坍塌模型		
有效内摩擦角φ'	°	28.6
有效内聚力c'	kPa	4.5
饱和容重	kN/m^3	19.4
弹性模量 E	MPa	5.0
泊松比 μ	(–)	0.38
折减系数 k_{re}	(–)	0.1
地貌演变模型		
悬移质泥沙扩散系数 K_x，K_y	m^2/s	10
底床泥沙侵蚀系数	kg/（m^2·s）	5×10^{-5}
底床泥沙临界启动应力τ_{bc}	Pa	0.5
底床泥沙临界沉积应力τ_{bd}	Pa	1 000
沉速 w_s	m/s	5×10^{-4}
底床泥沙孔隙率e_b	(–)	0.43
坍塌泥沙转化率 R_{cb}	(–)	0.5

表 5.3　模型算例及参数设置

编号	τ_c/Pa	R_{cb} (–)	备注
A	(–)	(–)	不考虑边壁侵蚀和坍塌过程
B1	0.062	(–)	不考虑边壁坍塌过程
B2	0.125	(–)	
B3	0.25	(–)	
C1	0.062	0.5	同时考虑边壁侵蚀和坍塌过程
C2	0.125	0.5	
C3	0.25	0.5	
C4	0.062	0.1	
C5	0.062	0.3	
C6	0.062	0.8	

5.2 往复流作用下的边壁坍塌过程

5.2.1 近岸潮流特征及岸壁剖面形态

单个潮周期内，潮流切应力随水深变化过程如图 5.4a 所示。在潮沟口门附近（如断面 40，CS 40），潮流过程为落潮占优，潮流切应力峰值超过 3 Pa（切应力的正负表示流向）。在海陆交界处附近，例如 CS 10，涨潮流的切应力峰值约为 1 Pa。CS 10 的落潮历时超过 8 h，并且潮流切应力的绝对值与岸壁的临界起动应力τ_c相当（该算例设为 0.062 Pa）。对于 CS 25 和 CS 40，涨潮历时比 CS 10 略长，且潮流切应力远大于τ_c。在涨潮初期，潮流切应力由海向陆略有下降（当水深从1 m 升高到 1.5 m），随后在海陆交界处显著降低（例如，水深从 1.5 m 升高到2 m）。不同于 CS 10，当达到最大水深时，CS 25 和 CS 40 的潮流切应力均大幅降低。在落潮期间，由于滩面的归槽水流，潮沟断面的潮流切应力峰值由陆向海递增。

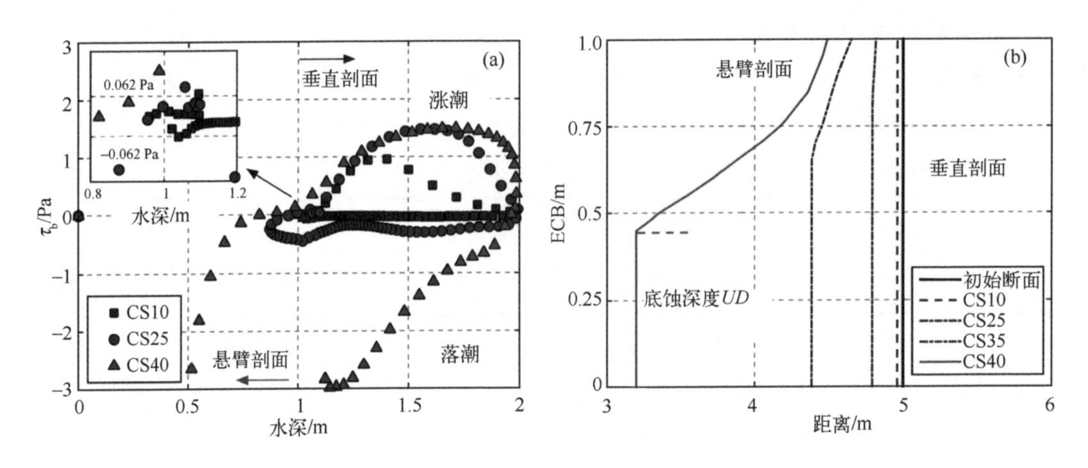

图 5.4 潮流切应力随水深变化过程以及相应的岸壁剖面形态

图中断面分布（CS）见图 5.2，ECB 表示距离岸壁底部的距离

上述潮流特征导致岸壁剖面的沿程变化，从垂直轮廓逐渐变化为悬臂状剖面结构，如图 5.4b 所示。图中岸壁剖面轮廓为模拟 10 个潮周期后的结果，假设岸壁稳定，无边壁坍塌发生。以 CS 10 为例，当潮流切应力大于τ_c时，潮沟内水位高于岸壁顶部高程（即水深大于 1 m）。由于边壁侵蚀沿坡脚到岸壁顶部同时发生，且假设流速垂向均匀分布，因此 CS 10 为垂直剖面（见图 5.4b 中虚垂线）。但是，对于 CS 25 和 CS 40，无论潮沟内水位是否高于岸壁顶高程，近岸潮流切

应力都可能大于τ_c。这些断面的岸壁底部经历更长时间的潮流冲刷，因此岸壁剖面为悬臂状结构（“机会窗口”理论，见第 3.4.2 节）。当潮沟内水位低于底蚀深度 *UD* 时，无边壁侵蚀发生。发生边壁侵蚀时水深越小，底蚀深度越小。与底蚀宽度 *UW* 相反（见图 2.8），底蚀深度由陆向海递减。

5.2.2　坍塌贡献率的沿程变化

图 5.5 示出了模型计算得到的岸壁高度与坍塌贡献率 C_{bc}之间的关系。为分离出水位和地形变化的影响，额外进行一组算例，保持水位和流速恒定（水深设为岸壁高度的一半），如图 5.5 中黑色星号所示。观察到岸壁高度和坍塌贡献率之间存在明显的线性关系，相关系数 R^2高达 0.87（图 5.5 中黑色虚线处）。因为靠海侧潮沟内的流速较大，初始阶段会频繁地发生边壁坍塌过程，产生大量的沉积物。坍塌泥沙随即转变为岸壁坡脚，降低岸壁高度。因此，随后的边壁坍塌频率由海向陆逐渐递增。对于选取的 3 个特征断面（CS 10、CS 25 和 CS 40），均观察到坍塌贡献率随岸壁高度的增加而增加，表明岸壁稳定性的降低。以 CS 40 为例，当岸壁高度从 1 m 降为 0.38 m 时，坍塌贡献率从 78%降至31%。此外，在潮沟口门附近，坍塌贡献率与岸壁高度之间存在显著的线性关系（对于 CS 40，R^2可达 0.71）。在海陆边界附近（例如 CS 10），R^2急剧下降至 0.58，表明坍塌贡献率还受到其他因素的影响。对于额外算例（即恒定水位和流速，图 5.5 中

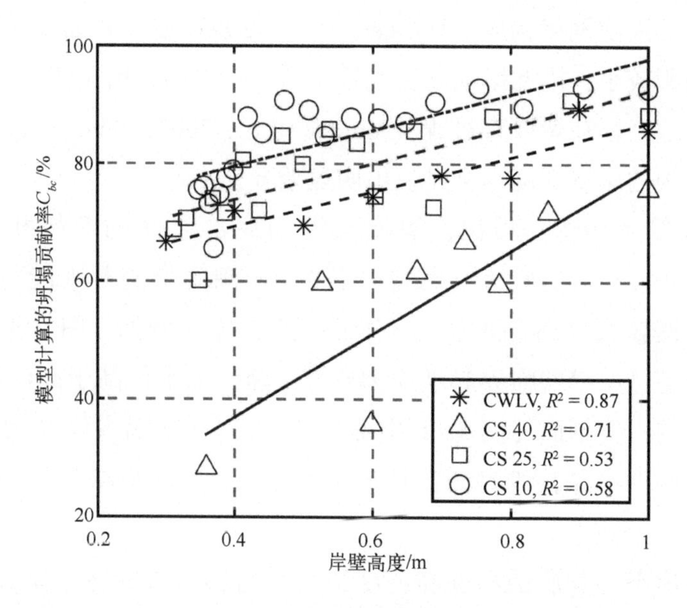

断面分布（CS）见图 5.2，CWLV 为额外算例，保持水位和流速恒定。

图 5.5　坍塌贡献率随岸壁高度变化

的 CWLV），上述趋势更为明显，但水位和地形的改变会使得结果偏离理想的线性关系（CS 10、CS 25 和 CS 40）。岸壁高度和坍塌贡献率之间的斜率由海向陆递减，表明岸壁高度对坍塌贡献率影响的减弱。对比各断面结果后发现，坍塌贡献率与离口门距离之间存在正相关关系，体现了岸壁剖面结构和坍塌类型的沿程分布差异（见第 5.2.1 节）。

5.2.3 往复流的影响

在过去 40 年内，河流环境下的边壁坍塌过程已被广泛研究，如文献（Thorne，1982；Simon et al.，2000；Darby et al.，2007；Stecca et al.，2017；Deng et al.，2018）。由于水流运动的主要驱动力不同（Bayliss-Smith et al.，1979；Coco et al.，2013），潮汐环境下的边壁坍塌过程更为复杂，本书探究了 3 个因素的影响：岸壁高度、岸壁剖面轮廓以及土体状态（饱和态和非饱和态）。如第 2.5.1 节和第 5.2.2 节所述，边壁坍塌模式和坍塌贡献率受岸壁高度的影响显著，因为：①岸壁高度较大时，边壁坍塌由坡脚土体单元剪切破坏和岸壁顶部土体单元张拉破坏引起，而高度较小时，岸壁土体单元主要经历张拉破坏；②随着岸壁高度的增加，坍塌贡献率随之增大。一方面，潮沟的平面形态呈漏斗形［见第 3.4 节，以及文献（Van der Wegen et al.，2008；Lanzoni et al.，2015）］，其宽度和深度由海向陆递减，可能导致岸壁高度向海增加。潮滩-潮沟系统通常由苹果树状、错综复杂的潮汐网络构成（D'Alpaos et al.，2005；Coco et al.，2013），其中支流的横截面面积较小，因此岸壁高度也较小。另一方面，由于潮沟由众多弯道组成，并且不断地经历裁弯取直过程（Marani et al.，2002；Solari et al.，2002），即使同一区域潮沟的岸壁高度也会显现出明显差异。

Friedrichs 等（1988）指出，潮流与潮沟底部之间的摩擦相互作用导致涨潮历时相对较短、流速较大（涨潮占优），而潮间带的蓄水能力则导致落潮历时较短、流速较大（落潮占优）。对于涨潮占优（例如，图 5.4a 中 CS 10），当潮流切应力超过岸壁的临界起动应力τ_c时，潮沟内水位高于潮沟的岸顶高程，因此形成垂直的岸壁剖面（图 5.4b 中虚垂线）。对于落潮占优（例如图 5.4a 中 CS 40），当潮沟内水深较浅时潮流切应力大于τ_c，因此岸壁剖面为悬臂状结构（图 5.4b）。

岸壁剖面形态（如底蚀深度和宽度）可显著影响边壁坍塌模式和坍塌贡献率。若底蚀深度较小时，边壁坍塌的破坏模式为坡脚处土体单元剪切破坏和岸壁顶部土体单元张拉破坏（图 2.15a）。当增加底蚀深度时，坡脚处不会出现剪切破坏，取而代之的是岸壁中部和顶部产生张拉破坏，最终导致边壁坍塌（图 2. 8b 和图 2. 8c）。此外，底蚀深度和宽度由陆向海逐渐增加（图 5. 4b），表明岸壁稳定性的增强。因此，坍塌贡献率由海向陆递增（图 5. 5）。

关于水位变化，第 3. 4. 4 节表明，落潮期间静水压力的损失促进了边壁坍塌的发生，与 Simon 等（2000）的结论一致。然而，Deng 等（2018）认为，边壁坍塌是由饱和土与非饱和土之间的转化（所产生的孔隙水压力）所引起，水位的快速下降会引起孔隙水压力的升高，进而削弱边壁的稳定性。考虑到潮周期内水位衰退更快、更频繁，因此孔隙水压力变化的影响不容忽视。此外，泥沙分选过程（Zhou et al., 2016a）会导致沉积物粒径由海向陆递减。较大的粒径通常对应于较大的渗透系数，同样会影响落潮期间的孔隙水压力变化。

5. 3　潮滩-潮沟系统地貌演变

5. 3. 1　潮滩-潮沟的平面形态演变

图 5. 6 示出了潮滩-潮沟系统的平面形态演变过程，分别假设不考虑边壁侵蚀和坍塌过程 Run A、不考虑边壁坍塌过程 Run B1，以及同时考虑边壁侵蚀和坍塌过程 Run C1。在往复流作用下，潮沟显著侵蚀，而相邻的滩面（0 m 等高线附近）则略有沉积。在潮沟口门附近（距开边界 1 km 处），潮流为落潮占优（图 5. 4a），因此泥沙向海输送。因为口门处流速大幅下降，向海输送的泥沙大量淤积，在口门外形成拱形沙洲。这种现象类似于 tidal inlet 系统中沙洲的形成。对于潮沟下半部分（靠近开边界），潮沟持续下切，但下切速率逐渐降低。在潮沟上半部分（靠近海陆交界处），泥沙补给充足（由于潮沟下部的边壁侵蚀和坍塌），且潮流流速由海向陆递减，因此在第 1 年内潮沟缓慢淤积（见-1 m 等高线位置）。因为边壁泥沙比底床泥沙更易侵蚀（Kleinhans et al., 2009），在边壁侵蚀和坍塌共同作用下，更多的泥沙被潮流输运到潮沟上部，逐渐淤塞上部潮沟（即-1 m 等高线逐渐向海移动）。在随后的 20 年内，由于断面缩窄、流量增强，上部潮沟从淤积状态转变为侵蚀状态，表现为-1 m 等高线向陆侧移动。

关于潮沟宽度，此处用 0 m 和-1 m 等高线的相对位置表示。对于 Run A，因为潮沟由下切过程主导，因此宽度最小。由于潮流切应力由海向陆递减（图 5. 4a），潮沟呈漏斗形（即宽度向陆侧逐渐减小），并且演变 25 年后潮沟的

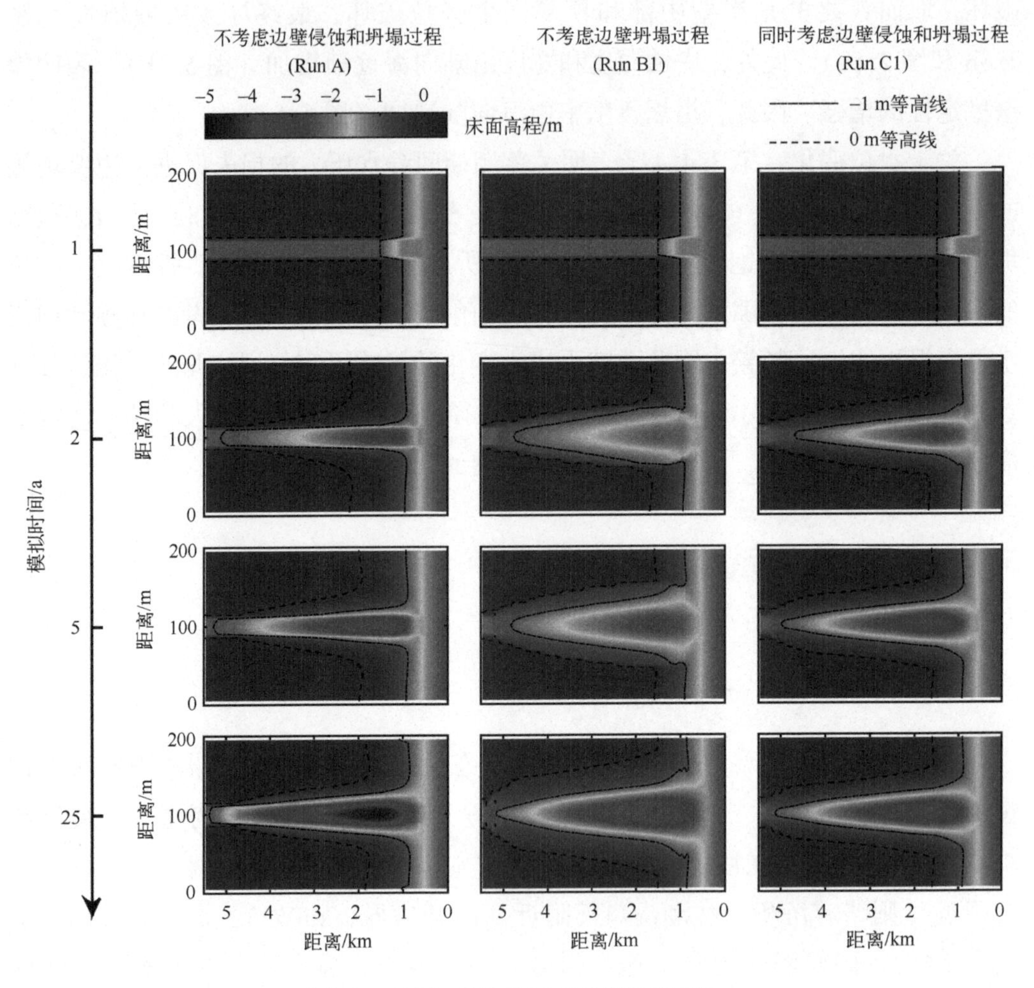

图 5.6 潮滩-潮沟的平面形态演变过程

最大深度约为 5 m。考虑边壁侵蚀和侵蚀后（Run B1），潮沟仍为漏斗状，但宽度较大。因其被拓宽过程主导，潮沟较浅，演变 25 年后的最大深度约为 4 m。与 Run B1 相比，考虑边壁侵蚀和坍塌后（Run C1），潮沟变窄。虽然边壁坍塌过程会加速岸壁的后退速率，但是坍塌泥沙会堆积在坡脚，保护岸壁免受随后的潮流冲刷。

5.3.2 潮滩-潮沟的断面形态演变

图 5.7 示出了 Run A、Run B1 和 Run C1 中 3 个典型横截面 CS 10、CS 25 和 CS 40 的演变过程。无论是否考虑边壁侵蚀和坍塌过程，潮沟的宽度、深度以及断面面积均有向陆侧递减的趋势。CS 10 和 CS 25 的相邻滩面略有淤积。当忽略边壁侵蚀和坍塌过程时，上述现象尤为明显，甚至会形成隆起的“堤坝”（图

5.7o)。初始垂直的岸壁剖面逐渐演变为缓坡，但对于不同算例，岸壁轮廓不尽相同。达到平衡态时，由于底床侵蚀，Run A 中岸壁轮廓呈现凸形。对于 Run B1，初始时期潮沟的演变取决于底床和边壁的侵蚀，因此岸壁剖面在横向和垂向上均发生变形。因为边壁土体比底床土体更易侵蚀，Run B1 中岸壁剖面在最初 4 年内呈现凹形（图 5.7a、图 5.7d 和图 5.7g 中的虚线）。随后，潮沟的断面演变由下切过程主导，当接近平衡态时，岸壁轮廓逐渐演变为凸形。对于 Run C1，岸壁剖面的横向变形由边壁坍塌触发。坍塌的泥沙会堆积在坡脚，增强岸壁的垂向变形但削弱横向变形，因此形成凸形的岸壁轮廓（图 5.7j 中的虚线）。到达平衡态时，Run A 中岸壁坡度最陡，Run B1 中坡度最缓。Run B1 中岸壁剖面存在一个过渡区，在该区域以上，岸壁坡度大幅减小（图 5.7m）。这表明潮沟的断面演变由两个过程驱动：上部由边壁侵蚀主导，下部主要受到潮沟下切的影响。Run C1 中并没有观察到上述过渡区域，表明边壁侵蚀和边壁坍塌在塑造岸壁剖面形态时存在显著差异。

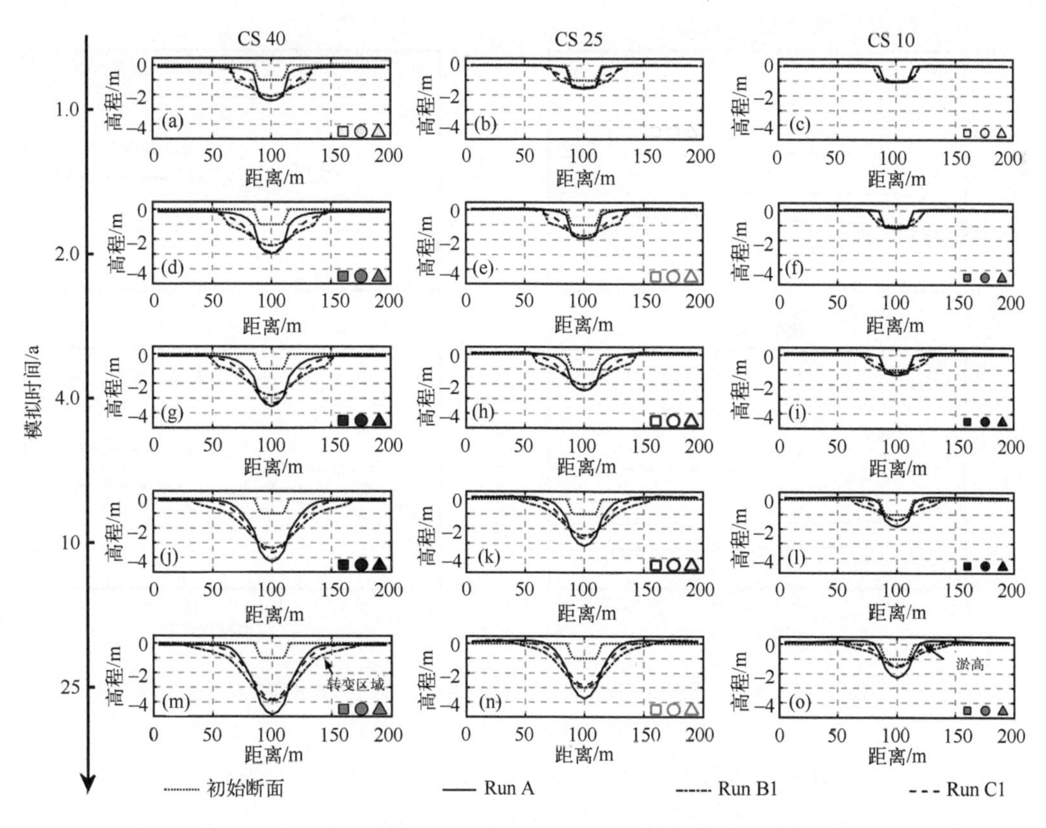

Run A 为不考虑边壁侵蚀和坍塌过程；Run B1 为不考虑边壁坍塌过程；
Run C1 为同时考虑边壁侵蚀和坍塌过程，图中断面分布（CS）见图 5.2。

图 5.7　潮滩-潮沟的断面形态演变过程

图 5.8 给出了潮沟宽度、深度、宽深比以及断面面积随时间的变化，分别假设不考虑边壁侵蚀和坍塌过程 Run A、不考虑边壁坍塌过程 Run B1，以及同时考虑边壁侵蚀和坍塌过程 Run C1。潮沟深度由底床高程和坡度临界值共同决定（Fagherazzi et al., 1999），而宽度则定义为潮沟断面面积与深度的比值（Leopold et al., 1993）。Run A 中潮沟的宽度、宽深比以及断面面积最小，但深度最大。相反的，最大宽度、宽深比和断面面积均出现在 Run B1。相比于 Run C1，在演变前 5 年内，Run B1 中潮沟断面呈现“宽浅型”。随后，Run C1 中潮沟下切速率降至 0，并且 Run B1 中潮沟断面的最大深度逐渐超过 Run C1（图 5.8b）。达到平衡态时，Run C1 中潮沟深度最小。在此过程中，Run B1 断面持续拓宽（图 5.8a），而 Run A 则经历了显著的下切过程（图 5.8b）。考虑边壁坍塌过程后，达到平衡态时所需的时间最短（图 5.8d 中 Run C1），因为边壁坍塌会大幅加快断面的扩张速度。Run C1 中岸壁后退过程仅发生在演变初期（0~2 年，见图 5.8a），然后潮沟缓慢下切。

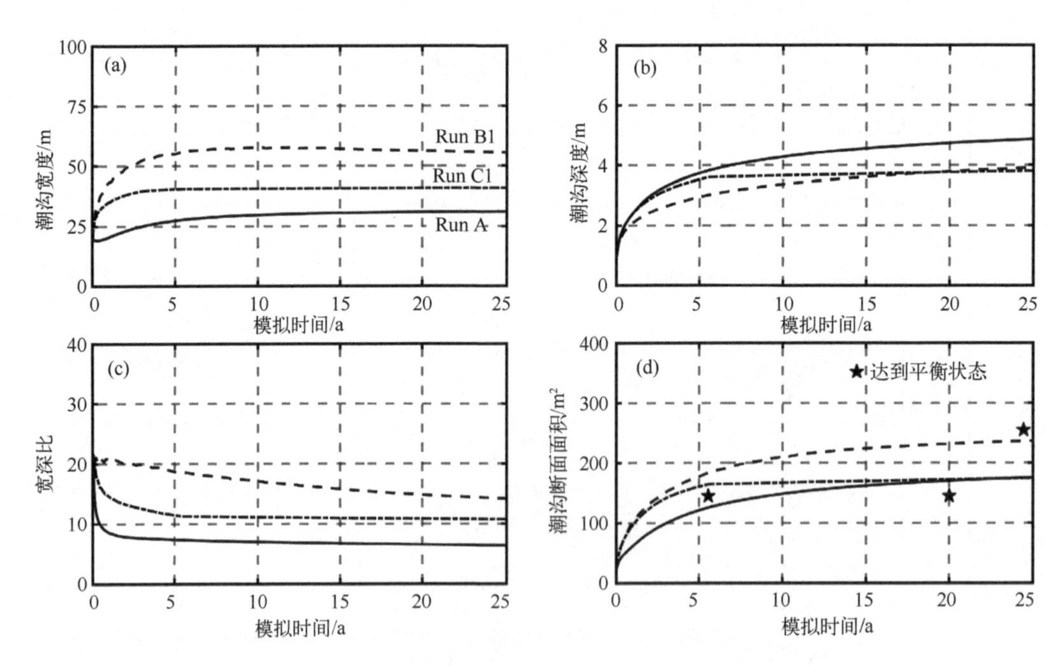

其中，Run A 为不考虑边壁侵蚀和坍塌过程；Run B1 为不考虑边壁坍塌过程；

Run C1 为同时考虑边壁侵蚀和坍塌过程。

图 5.8　潮沟宽度、深度、宽深比以及断面面积随时间的变化

图 5.9 示出了坍塌泥沙转化为底床的比率 R_{cb} 对潮沟断面的平衡形态影响。以 CS 40 为例，分别给出了演变 25 年后潮沟的断面形态。尽管 R_{cb} 从 0.1 逐渐增

加到0.8，潮沟断面形态维持不变，达到平衡态时仍为凸形。随着R_{cb}的增加，潮沟深度随之增加，但宽度却显著减小。

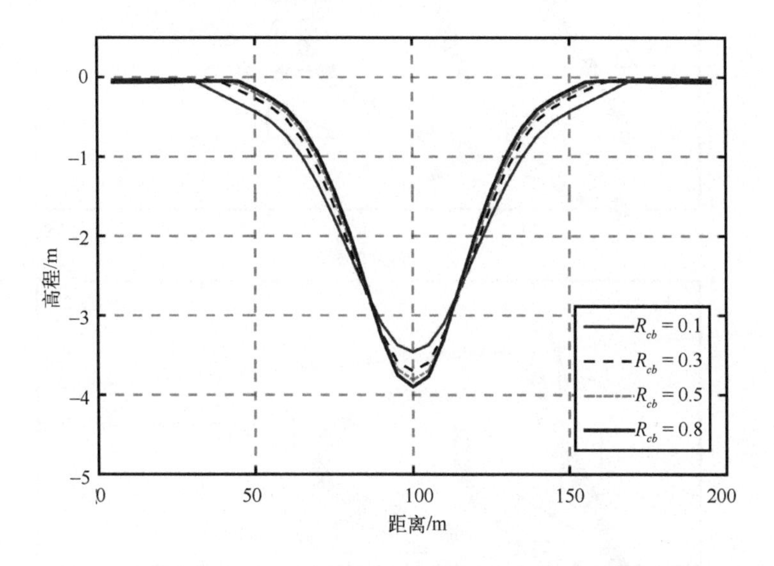

图 5.9　坍塌泥沙转化率R_{cb}对潮沟断面形态的影响

图 5.10 显示了潮沟演变过程中宽深比的变化，其中楔形块的斜率为潮沟拓宽速率和下切速率的比值R_{wd}。较大的R_{wd}值（例如大于 10）表明潮沟断面的扩张由岸壁后退过程引起。考虑到潮沟宽度与断面面积有关，下切过程同样会引起宽度的增加，因此相对较小的R_{wd}值（例如小于 5）即可表明断面的扩张由下切过程主导。

基于R_{wd}值的变化，潮沟的断面演变可分为 3 个阶段。在第Ⅰ阶段（0~5 年），R_{wd}值较大且有向陆侧增大的趋势，该现象在 Run B1 和 Run C1 中尤为明显（例如，CS 10 的R_{wd}达到 92.6），表明潮沟的断面扩张由拓宽引起。包含边壁侵蚀过程会显著增大R_{wd}（例如，CS 40 中R_{wd}从 4.7 增加到 19），但是考虑坍塌过程则会降低R_{wd}（例如，CS 40 中R_{wd}从 19 减小到 9.7）。在第Ⅱ阶段（5~20 年），所有算例中的R_{wd}均大幅下降，最大降幅出现在 CS 10 处（从 92.6 降至 7.9，降幅约为 91%）。在 Run B1 中观察到宽深比演变的拐点，表明R_{wd}降至负值。换句话说，潮沟宽度随深度的增加而减小。这对应于前文所述的岸壁剖面过渡区（图 5.7 m），在该区域泥沙大量淤积，导致潮沟宽度和断面面积减小。在第Ⅲ阶段（20~25 年），R_{wd}的绝对值逐渐趋向于 0，表明潮沟宽度和深度缓慢变化。

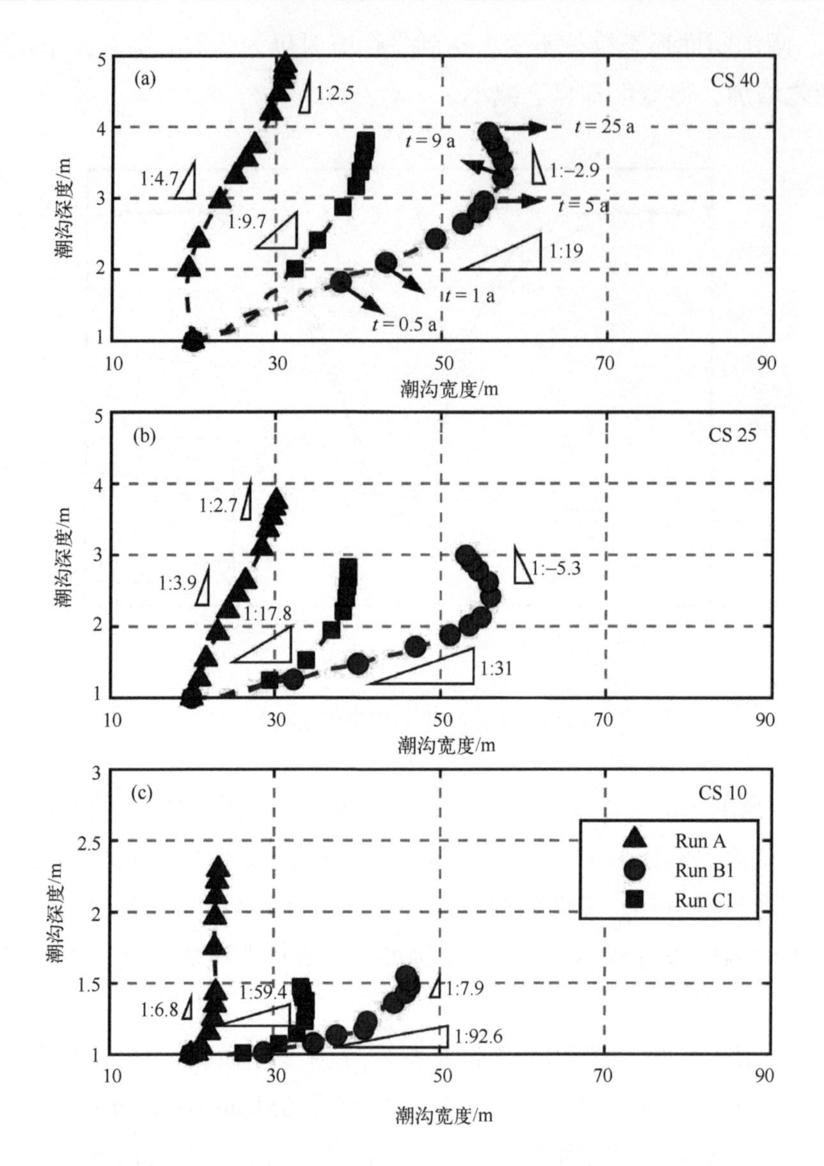

图中楔形块的斜率为潮沟拓宽速率和下切速率的比值 R_{wd}，断面分布（CS）见图 5. 2。

图 5. 10 潮沟断面宽深比随时间变化

5. 3. 3 与现实世界的对比

本研究忽略了波浪的作用，因此选取潟湖动力环境下的潮沟进行对比。图 5. 11 示出了模拟 25 年后潮沟的宽深比结果，以及从世界各地搜集到的观测数据，如文献（Garofalo，1980；Leopold et al.，1993；Marani et al.，2002；Williams et al.，2002）。本研究采用的水动力条件（潮差为 2 m）与威尼斯潟湖类似：潮差为 2 ~ 4 m 的半日潮。此外，底床的临界起动应力（0. 5 Pa）、侵蚀系数

[5×10^{-5} kg/（m^2·s）] 和泥沙沉速（5×10^{-4} m/s）均与威尼斯潟湖的参数量级相同，见文献（Fagherazzi et al.，2001；D'Alpaos et al.，2005；Lanzoni et al.，2015）。模拟得到的宽深比与观测结果显示出很好的吻合度。虽然参数的变化（例如 R_{cb}）会影响宽深比，但对于所有算例，模拟得到的潮沟几何形态（即宽深比）均与观测值一致。然而，宽深比的观测只能体现长期演变的一致性，无法阐明边壁坍塌的作用。一方面，当忽略边壁坍塌时，断面的平衡宽度变大（图 5.8 和图 5.11）。但是上述宽度的差异很小，因此在其他因素的干扰下很难检测出。另一方面，模型结果表明，当潮沟向平衡态演变时，在边壁坍塌作用下岸壁剖面为凸形，否则为凹形（图 5.7）。此外，边壁侵蚀和坍塌的发生有利于潮沟的拓宽。因为潮沟断面面积和纳潮量相关 [即 P-A 关系，见文献（O'Brien，1931；Jarrett，1976）]，潮沟宽度的增加会导致深度的减小。但是，对于自然界中的潮沟，其宽度和深度之间的关系是非线性的。首先，波浪和地形突变可能增强局部的底应力，导致断面面积的增加。其次，土体的各向异性也会导致潮沟宽度和深度之间比值的不同。因此需要进一步考虑其他过程，来更好地理解自然界中潮沟的形态演变。

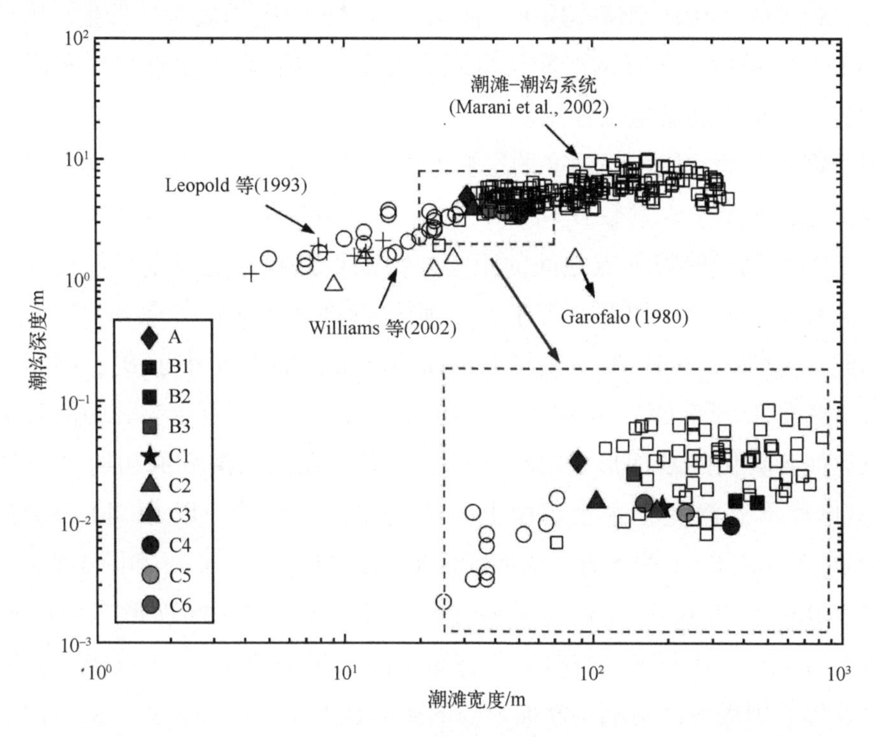

模型编号及参数设置见表 5.2 和表 5.3。

图 5.11　模拟与实测的潮沟宽深比

5.4 坍塌泥沙的作用

水流冲刷引起的边壁侵蚀和随后的坍塌过程会导致潮汐系统的泥沙重新分布。一方面，潮沟边壁的土体比底床土体更易侵蚀。在潮流、波浪的作用下，边壁侵蚀的泥沙会变为悬移质，扩散到整个区域，导致相邻区域的地形变化。另一方面，坍塌的泥沙堆积在坡脚，引起局部的地形变化。这两个过程可以触发潮沟沿纵向和横向的形态变化。图 5.12 分别给出了模拟 1 年和 25 年后潮沟深泓线处的深度。在模拟的第一年内，Run A 和 Run B1 中潮沟深度存在显著差异。不考虑边壁侵蚀和坍塌（Run A），潮沟由下切过程主导。考虑边壁侵蚀后（Run B1），潮沟以拓宽过程为主。因此，Run A 中潮沟深度在纵向上大于 Run B1。考虑边壁坍塌后（Run C1），坍塌泥沙可能直接堆积在坡脚，从而削弱了潮沟的拓宽过程。可观察到两个明显的过渡区，分别是 Run B1 和 Run C1 之间的 TR1，以及 Run A 和 Run C1 之间的 TR2（图 5.12a）。在靠近陆侧边界处，因为潮流较弱，边壁坍塌过程偶尔发生，所以 Run B1 和 Run C1 中底床纵剖面相似，从而形成 TR1。相反的，在强潮流作用下，潮沟口门附近边壁坍塌频繁发生，因此形成 TR2。模拟 25 年后，各算例之间均呈现出显著差异，表明边壁侵蚀和坍塌过程对潮沟的纵向形态起着重要作用。

坍塌泥沙对潮沟横剖面演变的影响可由岸壁剖面的形态反映。为定量描述岸壁剖面形态，本节引入参数 B_s 和 B_m，其中 B_s 为潮沟断面面积与深泓线处深度的比值；B_m 为两侧岸壁特征点之间的距离，特征点的高程是岸壁顶部高程和潮沟深泓线高程的平均值。如果 B_s 等于 B_m，则岸壁剖面为线形（例如，矩形剖面或 V 形剖面）；如果 B_s 大于 B_m，则岸壁剖面为凸形；如果 B_s 小于 B_m，则岸壁剖面为凹形（例如 U 形剖面）。B_s 和 B_m 之间的关系如图 5.13 所示，其中散乱分布的数据点表明各算例的断面形状均存在显著差异。在潮沟演变的初期（例如 0~2 年），其断面形态演变在很大程度上受坍塌泥沙的影响。以 CS 40 为例，代表 Run B1 的符号在 1∶1 线下方，表明断面形态为凹形（图 5.7a 和图 5.7d）。相反的，代表 Run A 和 Run C1 的符号在 1∶1 线上方，表明断面形态为凸形（图 5.7a 和图 5.7d）。达到平衡态时，所有算例的结果均位于 1∶1 线上，表明断面形态为线形。坍塌泥沙对潮沟断面形态的影响也取决于断面位置。由海向陆，潮沟断面形态逐渐由线形转变为凸形。

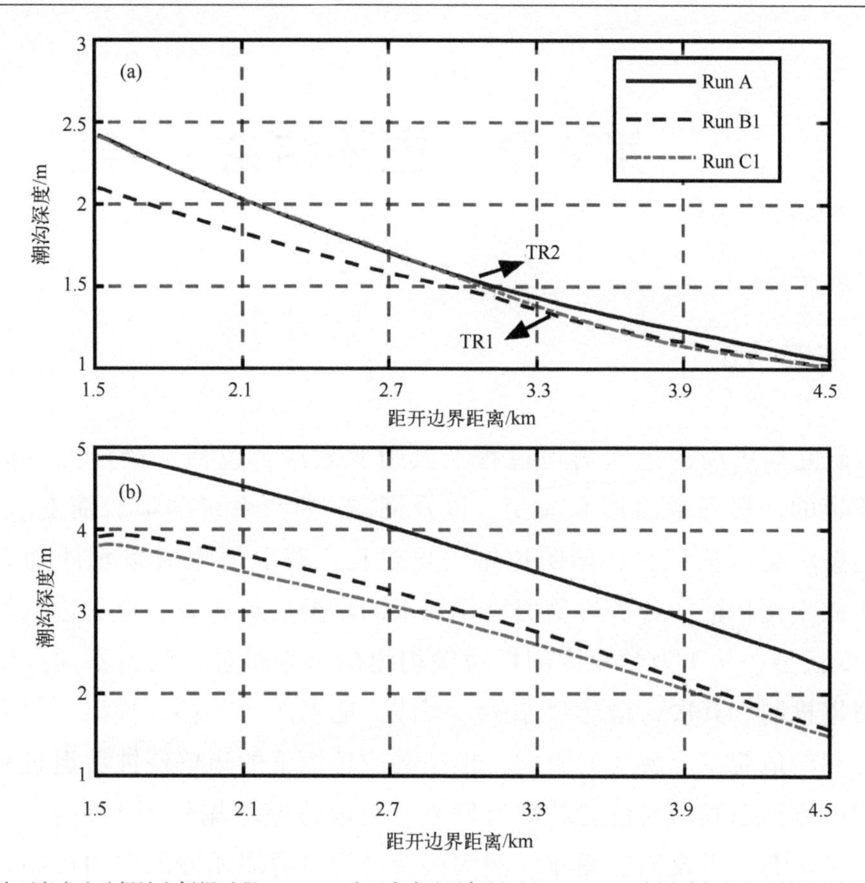

Run A 为不考虑边壁侵蚀和坍塌过程；Run B1 为不考虑边壁坍塌过程；Run C1 为同时考虑边壁侵蚀和坍塌过程。

图 5.12　各算例的潮沟纵剖面对比

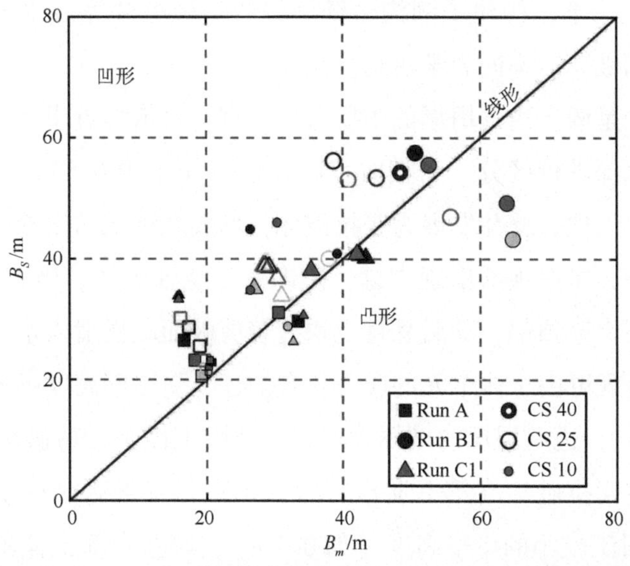

图中符号对应于图 5.7；Run A 为不考虑边壁侵蚀和坍塌过程，Run B1 为不考虑边壁坍塌过程，Run C1 为同时考虑边壁侵蚀和坍塌过程；图中断面分布（CS）见图 5.2。

图 5.13　达到平衡态时潮沟岸壁剖面形态的定量化表示

第 6 章　主要结论

6.1　主要结论

本研究聚焦潮沟边壁坍塌过程及其地貌效应，包括边壁侵蚀后退的贡献、弯道的迁移和平面形态演变，以及潮滩-潮沟系统的地貌演变。首先，基于边壁坍塌水槽试验，阐明边壁坍塌过程，获取坍塌时段水沙动力及土体性质的变化特征，分析边壁坍塌作用下的岸壁后退速率；建立边壁坍塌应力-应变模型，从土力学角度剖析边壁坍塌的力学机理，阐明不同岸壁高度下的坍塌机制。其次，搭建“水-沙-坍塌-地貌演变”耦合模型，探究边壁坍塌对潮沟地貌单元演变的影响，模拟潮汐环境下的边壁侵蚀后退过程，揭示潮沟弯道形态和坍塌位置的固有联系，复演边壁坍塌作用下的潮滩-潮沟系统三维形态，以及阐明潮滩、潮沟演变过程中坍塌泥沙的作用机制。取得的主要研究结论如下。

（1）基于土力学，构建了潮沟边壁坍塌数学模型并完成水槽试验，揭示了岸壁绕轴和剪切破坏的不同力学机理。

剪切和绕轴是潮沟边壁坍塌的主要破坏机理，可依据近岸水深和岸壁高度的比值，即相对水深进行区分。当相对水深较小时（小于 0.5），由于基质吸力的降低，岸壁中部出现裂缝并发展为张拉破坏，形成悬臂状的岸壁剖面结构。在悬臂扭矩的作用下，岸壁顶部出现裂缝，随即发生绕轴破坏。当相对水深较大时，裂缝首先出现在岸壁顶部，随后悬臂土块沿着剪破面缓慢滑入水中，发生剪切破坏。边壁坍塌过程可由土体单元的应力状态描述，受岸壁高度影响。当岸壁高度较大时（如 1 m），边壁坍塌的破坏过程为：坡脚土体单元剪破坏（第Ⅰ阶段），岸壁顶部土体单元拉破坏（第Ⅱ阶段）以及形成贯穿坡脚和岸壁顶部的破坏面（第Ⅲ阶段）；对于较小的岸壁高度（如 0.4 m），岸壁中部土体单元拉破坏（第Ⅰ阶段），岸壁顶部土体单元拉破坏（第Ⅱ阶段）以及形成连贯的破坏面（第Ⅲ阶段）是常见的边壁坍塌过程。

（2）量化了岸壁侵蚀后退速率和相对水深的关系，发现坍塌贡献率可达85%。

岸壁的侵蚀后退过程不仅与近岸水动力特征有关，还受到岸壁稳定性的影响。本研究通过相对水深来表征岸壁的稳定性，优化了岸壁侵蚀速率预测公式，凸显了水动力过程和土力学过程的协同作用。水槽试验和数值模型结果显示，坍塌贡献率可达85%，表明潮沟的拓宽由边壁坍塌过程主导。对于绕轴破坏，坍塌贡献率和相对水深之间存在显著的负相关关系。

（3）探明了潮沟弯道形态和坍塌位置的内在联系，发现了弯道迁移过程中凹岸和凸岸之间的追赶行为。

潮沟弯道的迁移过程和边壁坍塌密切相关，一方面，弯道曲率和相对水深决定了坍塌发生的位置；另一方面，坍塌的发生加快了弯道的迁移，反过来驱动弯道曲率的变化。在恒定流量假定下，随着弯道发展，边壁坍塌趋向于在水流切应力的峰值区域发生，表明弯道的迁移过程由岸壁稳定性主导（通过相对水深表征）转变为水动力过程主导（通过近岸水流切应力分布表征）。此外，弯道的迁移可通过凹岸和凸岸之间的追赶行为描述，该行为由凹岸的间歇性坍塌和随后凸岸的持续淤积驱动。

（4）综合土力学和水沙运动力学，阐明了边壁坍塌对潮沟平面和断面形态演变的影响。

建立了“水-沙-坍塌-地貌演变”耦合模型，复演了潮沟从快速拓宽到动态平衡的过程。达到平衡态时，潮沟的岸壁剖面为线形或微凸形，且潮沟的平面形态呈漏斗形，宽度由海向陆递减。只有边壁侵蚀作用时，潮沟宽度大幅增加；在边壁侵蚀和坍塌共同作用下，潮沟的宽度锐减，体现了坍塌泥沙的掩护效应。基于宽深比变化，潮沟的断面演变过程可以分为三个阶段：拓宽阶段、下切阶段以及缓慢发展阶段。

6.2 创新点

本书取得的主要创新性成果如下：

（1）综合土力学和水沙运动力学，围绕潮沟边壁的稳定性，开发了具有自主知识产权的物理实验系统以及数值模拟方法，首次阐明了潮汐动力下的边壁坍塌过程，揭示了潮沟边壁绕轴和剪切破坏的不同力学机理。

（2）量化了岸壁侵蚀后退速率与相对水深的关系，优化了岸壁侵蚀速率预测公式。发现坍塌贡献率高达85%，体现了潮沟的拓宽由边壁坍塌过程主导。

（3）揭示了边壁坍塌对宏观尺度地貌演变的影响，发现了弯道迁移过程中凹岸和凸岸之间的追赶行为，阐明了边壁坍塌对潮沟平面和断面形态演变的影响。

参考文献

陈才俊，1990. 围垦对潮滩动物资源环境的影响［J］. 海洋科学，14（6）：48-50.
陈才俊，徐向红，2015. 条子泥一期工程对条子泥发育影响及工程防护措施［J］. 海洋工程，33（5）：105-112.
邓珊珊，夏军强，宗全利，等，2020. 下荆江典型河段芦苇根系特性及其对二元结构河岸稳定的影响［J］. 泥沙研究，45（05）：13-19.
高清洋，李旺生，杨阳，等，2016. 长江中下游河道崩岸研究现状及展望［J］. 水运工程（08）：99-105.
龚政，黄诗涵，徐贝贝，等，2019. 江苏中部沿海潮滩对台风暴潮的响应［J］. 水科学进展，30（2）：243-254.
黄海军，2004. 南黄海辐射沙洲主要潮沟的变迁［J］. 海洋地质与第四纪地质（02）：1-8.
假冬冬，陈长英，张幸农，等，2020. 典型窝崩三维数值模拟［J］. 水科学进展，31（03）：385-393.
卢金友，朱勇辉，岳红艳，等，2017. 长江中下游崩岸治理与河道整治技术［J］. 水利水电快报，38（11）：6-14.
吕亭豫，龚政，张长宽，等，2016. 粉砂淤泥质潮滩潮沟形态特征及发育演变过程研究现状［J］. 河海大学学报（自然科学版），44（2）：178-188.
时钟，陈吉余，虞志英，1996. 中国淤泥质潮滩沉积研究的进展［J］. 地球科学进展（6）：37-44.
王勖成，邵敏，1997. 有限单元法基本原理和数值方法［M］. 北京：清华大学出版社.
王颖，朱大奎，1990. 中国的潮滩［J］. 第四纪研究，10（4）：291-300.
夏军强，宗全利，许全喜，等，2013. 下荆江二元结构河岸土体特性及崩岸机理［J］. 水科学进展，24（06）：810-820.
谢东风，范代读，高抒，2006. 崇明岛东滩潮沟体系及其沉积动力学［J］. 海洋地质与第四纪地质（02）：9-16.
谢卫明，何青，王宪业，等，2017. 潮沟系统水沙输运研究——以长江口崇明东滩为例［J］. 海洋学报，39（07）：80-91.
徐星璐，吴志易，张贺城，等，2013. 内河航道船行波及其研究现状［J］. 中国水运，13（11）：9-10.
殷宗泽，1996. 高等土力学［M］. 北京：中国水利水电出版社.
殷宗泽，曾益山，1982. 花凉亭土坝应力应变分析［J］. 岩土工程学报，4（4）：128-145.
余文畴，2008. 长江中下游河道崩岸机理中的河床边界条件［J］. 长江科学院院报（01）：8-11.
张长宽，陈欣迪，2016. 海岸带滩涂资源的开发利用与保护研究进展［J］. 河海大学学报（自然科学版)，44（01）：25-33.

张长宽，徐孟飘，周曾，等，2018. 潮滩剖面形态与泥沙分选研究进展［J］. 水科学进展，29（02）：269-282.

张璠，张绪进，尹崇清，2006. 船行波与运河岸坡的研究综述［J］. 中国水运（05）：19-20.

张忍顺，王雪瑜，1991. 江苏省淤泥质海岸潮沟系统［J］. 地理学报，58（2）：195-206.

张幸农，陈长英，假冬冬，等，2014. 渐进坍塌型崩岸的力学机制及模拟［J］. 水科学进展，25（02）：246-252.

张幸农，假冬冬，陈长英，2021. 长江中下游崩岸时空分布特征与规律［J］. 应用基础与工程科学学报，29（01）：55-63.

张幸农，蒋传丰，陈长英，等，2008. 江河崩岸的类型与特征［J］. 水利水电科技进展（05）：66-70.

张幸农，应强，陈长英，2007. 长江中下游崩岸险情类型及预测预防［J］. 水利学报（S1）：246-250.

朱大奎，柯贤坤，高抒，1986. 江苏海岸潮滩沉积的研究［J］. 黄渤海海洋，4（3）：19-27.

ABATE M, NYSSEN J, STEENHUIS T S, et al., 2015. Morphological changes of Gumara River channel over 50 years, upper Blue Nile basin, Ethiopia [J]. Journal of Hydrology, 525: 152-164.

AKAY O, ÖZER A T, FOX G A, et al., 2018. Application of fibrous streambank protection against groundwater seepage erosion [J]. Journal of Hydrology, 565: 27-38.

ALLEN J, 1989. Evolution of salt-marsh cliffs in muddy and sandy systems: a qualitative comparison of British west-coast estuaries [J]. Earth Surface Processes and Landforms, 14 (1): 85-92.

ALLEN J, 2000. Morphodynamics of Holocene salt marshes: a review sketch from the Atlantic and Southern North Sea coasts of Europe [J]. Quaternary Science Reviews, 19 (12): 1155-1231.

AMIRI M, POURGHASEMI H R, GHANBARIAN G A, et al., 2019. Assessment of the importance of gully erosion effective factors using Boruta algorithm and its spatial modeling and mapping using three machine learning algorithms [J]. Geoderma, 340: 55-69.

ARABAMERI A, YAMANI M, PRADHAN B, et al., 2019. Novel ensembles of COPRAS multi-criteria decision-making with logistic regression, boosted regression tree, and random forest for spatial prediction of gully erosion susceptibility [J]. Science of the Total Environment, 688: 903-916.

ARAI R, OTA K, SATO T, et al., 2018. Experimental investigation on cohesionless sandy bank failure resulting from water level rising [J]. International Journal of Sediment Research, 33 (1): 47-56.

ASAHI K, SHIMIZU Y, NELSON J, et al., 2013. Numerical simulation of river meandering with self-evolving banks [J]. Journal of Geophysical Research: Earth Surface, 118 (4): 2208-2229.

AVOINE J, ALLEN G P, NICHOLS M, et al., 1981. Suspended-sediment transport in the Seine estuary, France: effect of man-made modifications on estuary-shelf sedimentology [J]. Marine Geology, 40 (12): 119-137.

BARBIER E B, HACKER S D, KENNEDY C, et al., 2011. The value of estuarine and coastal ecosystem services [J]. Ecological Monographs, 81 (2): 169-193.

BAYLISS-SMITH T P, HEALEY R, LAILEY R, et al., 1979. Tidal flows in salt marsh creeks [J]. Estuarine and Coastal Marine Science, 9 (3): 235-255.

BEECHIE T J, LIERMANN M, POLLOCK M M, et al., 2006. Channel pattern and river-floodplain dynamics in forested mountain river systems [J]. Geomorphology, 78 (12): 124-141.

BEN SLIMANE A, RACLOT D, EVRARD O, et al., 2016. Relative contribution of rill/interrill and gully/channel erosion to small reservoir siltation in Mediterranean environments [J]. Land Degradation & Development, 27 (3): 785-797.

BENDONI M, FRANCALANCI S, CAPPIETTI L, et al., 2014. On salt marshes retreat: Experiments and modeling toppling failures induced by wind waves [J]. Journal of Geophysical Research: Earth Surface, 119 (3): 603-620.

BENNETT S J, 1999. Effect of slope on the growth and migration of headcuts in rills [J]. Geomorphology, 30 (3): 273-290.

BENNETT S J, ALONSO C V, PRASAD S N, et al., 2000. Experiments on headcut growth and migration in concentrated flows typical of upland areas [J]. Water Resources Research, 36 (7): 1911-1922.

BIRD C O, BELL P S, PLATER A J, 2017. Application of marine radar to monitoring seasonal and event-based changes in intertidal morphology [J]. Geomorphology, 285: 1-15.

BLANCKAERT K, 2011. Hydrodynamic processes in sharp meander bends and their morphological implications. J. Geophys Res., 116, F01003, doi: 10.1029/2010JF001806.

BLONDEAUX P, SEMINARA G, 1985. A unified bar-bend theory of river meanders [J]. Journal of Fluid Mechanics, 157: 449-470.

BOGONI M, PUTTI M, LANZONI S, 2017. Modeling meander morphodynamics over self-formed heterogeneous floodplains [J]. Water Resources Research, 53 (6): 5137-5157.

BORTOLUS A, IRIBARNE O, 1999. Effects of the SW Atlantic burrowing crab Chasmagnathus granulata on a Spartina salt marsh [J]. Marine Ecology Progress Series, 178: 79-88.

BRAUDRICK C A, DIETRICH W E, LEVERICH G T, et al., 2009. Experimental evidence for the conditions necessary to sustain meandering in coarse-bedded rivers [J]. Proceedings of the National Academy of Sciences, 106 (40): 16936-16941.

BURKARD M B, KOSTASCHUK R A, 1997. Patterns and controls of gully growth along the shoreline of Lake Huron [J]. Earth Surface Processes and Landforms: The Journal of the British Geomorphological Group, 22 (10): 901-911.

CAMPOREALE C, PERONA P, PORPORATO A, et al., 2007. Hierarchy of models for meandering rivers and related morphodynamic processes. Rev. Geophys., 45, RG1001, doi: 10.1029/2005RG000185.

CAMPOREALE C, PERUCCA E, RIDOLFI L, et al., 2013. Modeling the Interactions between River Morphodynamics and Riparian Vegetation [J]. Reviews of Geophysics, 51 (3): 379-414.

CANCIENNE R M, FOX G A, 2008. Laboratory experiments on three-dimensional seepage erosion undercutting of vegetated banks//2008 Providence, Rhode Island, June 29-July 2, 2008 (p. 1). American Society of Agricultural and Biological Engineers.

CANESTRELLI A, SPRUYT A, JAGERS B, et al., 2016. A mass-conservative staggered immersed boundary model for solving the shallow water equations on complex geometries [J]. International Journal for Numerical Methods in Fluids, 81 (3): 151-177.

CANTELLI A, PAOLA C, PARKER G, 2004. Experiments on upstream-migrating erosional narrowing and widening of an incisional channel caused by dam removal. Water Resour. Res., 40, W03304, doi: 10. 1029/2003WR002940.

CAO M, XIN P, JIN G, et al., 2012. A field study on groundwater dynamics in a salt marsh-Chongming Dongtan wetland [J]. Ecological Engineering, 40, 61-69.

CAPRA A, PORTO P, SCICOLONE B, 2009. Relationships between rainfall characteristics and ephemeral gully erosion in a cultivated catchment in Sicily (Italy) [J]. Soil and Tillage Research, 105 (1): 77-87.

CASAGLI N, RINALDI M, GARGINI A, 1999. Pore water pressure and streambank stability: results from a monitoring site on the Sieve River, Italy [J]. Earth Surface Processes and Landforms, 24 (12): 1095-1114.

CASTILLO C, GÓMEZ J A, 2016. A century of gully erosion research: Urgency, complexity and study approaches [J]. Earth-Science Reviews, 160: 300-319.

CHEN A, ZHANG D, PENG H, et al., 2013. Experimental study on the development of collapse of overhanging layers of gully inYuanmou Valley, China [J]. Catena, 109: 177-185.

CHEN A, ZHANG D, YAN B, et al., 2015. Main types of soil mass failure and characteristics of their impact factors in theYuanmou Valley, China [J]. Catena, 125: 82-90.

CHEN C, HSIEH T, YANG J, 2017a. Investigating effect of water level variation and surface tension crack on riverbank stability [J]. Journal of Hydro-Environment Research, 15: 41-53.

CHEN X D, ZHANG C K, ZHOU Z, et al., 2017b. Stabilizing effects of bacterial biofilms: EPS penetration and redistribution of bed stability down the sediment profile [J]. Journal of Geophysical Research: Biogeosciences, 122 (12): 3113-3125.

CHEN Y, COLLINS M B, THOMPSON C E, 2011. Creek enlargement in a low-energy degrading saltmarsh in southern England [J]. Earth Surface Processes and Landforms, 36 (6): 767-778.

CHEN Y, THOMPSON C, COLLINS M B, 2012. Saltmarsh creek bank stability: biostabilisation and consolidation with depth [J]. Continental Shelf Research, 35: 64-74.

CHENG N, CHIEW Y, 1999. Incipient sediment motion with upward seepage [J]. Journal of Hydraulic Research, 37 (5): 665-681.

CHEW L P, 1989. Constraineddelaunay triangulations [J]. Algorithmica, 4 (1-4): 97-108.

CHU-AGOR M L, FOX G A, CANCIENNE R M, et al., 2008. Seepage caused tension failures and erosion undercutting of hillslopes [J]. Journal of Hydrology, 359 (3): 247-259.

CHU-AGOR M L, FOX G A, WILSON G V, 2009. Empirical sediment transport function predicting seepage erosion undercutting for cohesive bank failure prediction [J]. Journal of Hydrology, 377 (1):

155-164.

COCO G, ZHOU Z, VANMAANEN B, et al., 2013. Morphodynamics of tidal networks: advances and challenges [J]. Marine Geology, 346: 1-16.

COOPS H, GEILEN N, VERHEIJ H J, et al., 1996. Interactions between waves, bank erosion and emergent vegetation: an experimental study in a wave tank [J]. Aquatic Botany, 53 (3-4): 187-198.

DACEY J W, HOWES B L, 1984. Water uptake by roots controls water table movement and sediment oxidation in short Spartina marsh [J]. Science, 224 (4648): 487-489.

D'ALPAOS A, LANZONI S, MARANI M, et al., 2005. Tidal network ontogeny: Channel initiation and early development. J. Geophys. Res., 110, F02001, doi: 10. 1029/2004JF00 0182.

D'ALPAOS A, LANZONI S, MUDD S M, et al., 2006. Modeling the influence of hydroperiod and vegetation on the cross-sectional formation of tidal channels [J]. Estuarine, Coastal and Shelf Science, 69 (3-4): 311-324.

D'ALPAOS A, LANZONI S, MARANI M, et al., 2010. On the tidal prism-channel area relations. J. Geophys. Res., 115, F01003, doi: 10. 1029/2008JF001243.

DALY E R, MILLER R B, FOX G A, 2015. Modeling streambank erosion and failure along protected and unprotected composite streambanks [J]. Advances in Water Resources, 81: 114-127.

DARBY S E, THORNE C R, 1996. Development and testing of riverbank-stability analysis [J]. Journal of Hydraulic Engineering, 122 (8): 443-454.

DARBY S E, ALABYAN A M, VAN DE WIEL M J, 2002. Numerical simulation of bank erosion and channel migration in meandering rivers [J]. Water Resources Research, 38 (9): 1-2.

DARBY S E, RINALDI M, DAPPORTO S, 2007. Coupled simulations of fluvial erosion and mass wasting for cohesive river banks. J. Geophys. Res., 112, F03022, doi: 10. 1029/2006JF000722.

DE ROSE R C, BASHER L R, 2011. Measurement of river bank and cliff erosion from sequential LIDAR and historical aerial photography [J]. Geomorphology, 126 (1-2): 132-147.

DE SWART H E, ZIMMERMAN J, 2009. Morphodynamics of tidal inlet systems [J]. Annual Review of Fluid Mechanics, 41: 203-229.

DEEGAN L A, JOHNSON D S, WARREN R S, et al., 2012. Coastal eutrophication as a driver of salt marsh loss [J]. Nature, 490 (7420): 388-392.

DENG S, XIA J, ZHOU M, et al., 2018. Coupled modeling of bank retreat processes in the Upper Jingjiang Reach, China. Earth Surf. Process. Landforms, 43: 2863-2875. https: //doi. org/10. 1002/esp. 4439.

DHI, 2009. MIKE 21 flow model: Hydrodynamic module user guide, Danish: DHI, 76-77.

DONG Y, WU Y, QIN W, et al., 2019a. The gully erosion rates in the black soil region of northeastern China: Induced by different processes and indicated by different indexes [J]. Catena, 182 (104146).

DONG Y, XIONG D, SU Z, et al., 2019b. The influences of mass failure on the erosion and hydraulic processes of gully headcuts based on an in situ scouring experiment in Dry-hot valley of China [J]. Catena, 176: 14-25.

DURó G, CROSATO A, KLEINHANS M G, et al., 2019. Distinct patterns of bank erosion in a navigable regulated river [J] . Earth Surface Processes and Landforms, 45 (2): 361-374.

DUAN G, SHU A, RUBINATO M, et al., 2018. Collapsing Mechanisms of the Typical Cohesive Riverbank along the Ningxia-Inner Mongolia Catchment [J]. Water, 10 (9): 1272.

DUAN J G, JULIEN P J, 2005. Numerical simulation of the inception of channel meandering [J]. Earth Surface Processes and Landforms: The Journal of the British Geomorphological Research Group, 30 (9): 1093-1110.

DULAL K P, KOBAYASHI K, SHIMIZU Y, et al., 2010. Numerical computation of free meandering channels with the application of slump blocks on the outer bends [J]. Journal of Hydro-Environment Research, 3 (4): 239-246.

DUNCAN J M, WRIGHT S G, BRANDON T L, 2014. Soil strength and slope stability [M]. New Jersey: John Wiley & Sons.

DUNNE T, 1990. Hydrology, mechanics, and geomorphic implications of erosion by subsurface flow [J]. Groundwater geomorphology: The role of subsurface water in earth-surface processes and landforms, 252: 1-28.

DUROCHER M G, 1990. Monitoring spatial variability of forest interception [J]. Hydrological Processes, 4 (3): 215-229.

EKE E, PARKER G, SHIMIZU Y, 2014a. Numerical modeling of erosional and depositional bank processes in migrating river bends with self-formed width: Morphodynamics of bar push and bank pull [J]. Journal of Geophysical Research: Earth Surface, 119 (7): 1455-1483.

EKE E C, CZAPIGA M J, VIPARELLI E, et al., 2014b. Coevolution of width and sinuosity in meandering rivers [J]. Journal of Fluid Mechanics, 760: 127-174.

FAGHERAZZI S, BORTOLUZZI A, DIETRICH W E, et al., 1999. Tidal networks 1. Automatic network extraction and preliminary scaling features from digital terrain maps [J]. Water Resources Research, 35 (12): 3891-3904.

FAGHERAZZI S, FURBISH D J, 2001. On the shape and widening of salt marsh creeks [J]. Journal of Geophysical Research: Oceans, 106 (C1): 991-1003.

FAGHERAZZI S, GABET E J, FURBISH D J, 2004. The effect of bidirectional flow on tidal channel planforms [J]. Earth Surface Processes and Landforms, 29 (3): 295-309.

FAGHERAZZI S, KIRWAN M L, MUDD S M, et al., 2012. Numerical models of salt marsh evolution: Ecological, geomorphic, and climatic factors. Rev. Geophys., 50, RG1002, doi: 10. 1029/2011RG000359.

FALCONER R A, OWENS P H, 1987. Numerical simulation of flooding and drying in a depth-averaged tidal flow model [J]. Proceedings of the Institution of Civil Engineers, 83 (1): 161-180.

FAN D. 2012. Open-Coast Tidal Flats//Davis Jr, Dalrymple R. Principles of Tidal Sedimentology [M]. Dordrecht: Springer.

FAURE Y, HO C C, CHEN R, et al., 2010. A wave flume experiment for studying erosion mechanism of revetments using geotextiles [J]. Geotextiles and Geomembranes, 28 (4): 360-373.

FINOTELLO A, LANZONI S, GHINASSI M, et al., 2018. Field migration rates of tidal meanders recapitulate fluvial morphodynamics [J]. Proceedings of the National Academy of Sciences of the United States of America, 115 (7): 1463-1468.

FLORSHEIM J L, MOUNT J F, CHIN A, 2008. Bank erosion as a desirable attribute of rivers [J]. Bioscience, 58 (6): 519-529.

FOX G A, WILSON G V, PERIKETI R K, et al., 2006. Sediment transport model for seepage erosion of streambank sediment [J]. Journal of Hydrologic Engineering, 11 (6): 603-611.

FOX G A, CHU-AGOR M L M, WILSON G V. 2007. Erosion of noncohesive sediment by ground water seepage: Lysimeter experiments and stability modeling [J]. Soil Science Society of America Journal, 71 (6): 1822-1830.

FOX G A, WILSON G V, 2010. The role of subsurface flow in hillslope and stream bank erosion: a review [J]. Soil Science Society of America Journal, 74 (3): 717-733.

FOX G A, FELICE R G, 2014. Bank undercutting and tension failure by groundwater seepage: predicting failure mechanisms [J]. Earth Surface Processes and Landforms, 39 (6): 758-765.

FRANCALANCI S, BENDONI M, RINALDI M, et al., 2013. Ecomorphodynamic evolution of salt marshes: Experimental observations of bank retreat processes [J]. Geomorphology, 195 (Supplement C): 53-65.

FRASCATI A, LANZONI S, 2009. Morphodynamic regime and long-term evolution of meandering rivers. J. Geophys. Res., 114, F02002, doi: 10.1029/2008JF001101.

FRASCATI A, LANZONI S, 2013. A mathematical model for meandering rivers with varying width [J]. Journal of Geophysical Research: Earth Surface, 118 (3): 1641-1657.

FREDLUND D G, RAHARDJO H, 1993. Soil mechanics for unsaturated soils [M]. New York: John Wiley & Sons.

FRIEDRICHS C T, AUBREY D G, 1988. Non-linear tidal distortion in shallow well-mixed estuaries: a synthesis [J]. Estuarine Coastal and Shelf Science, 27 (5): 521-545.

FRIEDRICHS C T, 1995. Stability shear stress and equilibrium cross-sectional geometry of sheltered tidal channels [J]. Journal of Coastal Research, 11 (4): 1062-1074.

FRIEDRICHS C T, 2011. Tidal flat morphodynamics: a synthesis, coastal and estuarine research federation, 21st Biennial Conference [R]. Daytona Beach, FL.

FUNG, Y, PIN T, 2001. Classical and computational solid mechanics [M]. World Scientific Publishing Co Inc.

GABEL F, LORENZ S, STOLL S, 2017. Effects of ship-induced waves on aquatic ecosystems [J]. Science of the Total Environment, 601: 926-939.

GABET E J, 1998. Lateral migration and bank erosion in a saltmarsh tidal channel in San Francisco Bay, California [J]. Estuaries and Coasts, 21 (4): 745-753.

GARDINER T, 1983. Some factors promoting channel bank erosion, River Lagan, County Down [J]. Journal of Earth Sciences, 5 (2): 231-239.

GAROFALO D, 1980. The influence of wetland vegetation on tidal stream channel migration and morphology [J]. Estuaries, 3 (4): 258-270.

GINSBERG S S, PERILLO G M E, 1990. Channel bank recession in the Bahía Blanca estuary, Argentina [J]. Journal of Coastal Research, 6 (4): 999-1009.

GONG Z, JIN C, ZHANG C, et al., 2017. Temporal and spatial morphological variations along a cross-shore intertidal profile, Jiangsu, China [J]. Continental Shelf Research, 144: 1-9.

GONG Z, ZHAO K, ZHANG C, et al., 2018. The role of bank collapse on tidal creek ontogeny: A novel process-based model for bank retreat [J]. Geomorphology, 311: 13-26.

GRIFFITHS G A, 1979. Recent sedimentation history of the Waimakariri river, New Zealand [J]. Journal of Hydrology (New Zealand), 18 (1): 6-28.

HACKNEY C, BEST J, LEYLAND J, et al., 2015. Modulation of outer bank erosion by slump blocks: Disentangling the protective and destructive role of failed material on the three-dimensional flow structure [J]. Geophysical Research Letters, 42 (24): 10-663.

HACKNEY C R, DARBY S E, PARSONS D R, et al., 2020. River bank instability from unsustainable sand mining in the lower Mekong River [J]. Nature Sustainability, 3 (3): 217-225.

HANSON G J, SIMON A, 2001. Erodibility of cohesive streambeds in the loess area of the midwestern USA [J]. Hydrological Processes, 15 (1): 23-38.

HASEGAWA K, 1977. Computer simulation of the gradual migration of meandering channels, Proceedings of the Hokkaido Branch [R]. Japan Society of Civil Engineering, 197-202.

HASEGAWA K, 1989. Universal bank erosion coefficient for meandering rivers [J]. Journal of Hydraulic Engineering, 115 (6): 744-765.

HOFFMAN F O, GARDNER R H, 1983. Evaluation of uncertainties in environmental radiological assessment models. Radiological Assessments: A Textbook on Environmental Dose Assessment, 11: 1.

HOOKE J M, 1979. An analysis of the processes of river bank erosion [J]. Journal of Hydrology, 42 (1): 39-62.

HOOKE J M, 1980. Magnitude and distribution of rates of river bank erosion [J]. Earth Surface Processes, 5 (2): 143-157.

HOUSER C, 2010. Relative importance of vessel-generated and wind waves to salt marsh erosion in a restricted fetch environment [J]. Journal of Coastal Research, 26 (2): 230-240.

HOWARD A D, MCLANE Ⅲ C F, 1988. Erosion of cohesionless sediment by groundwater seepage [J]. Water Resources Research, 24 (10): 1659-1674.

HUA X, HUANG H, WANG Y, et al., 2019. Abnormal ETM in the North Passage of the Changjiang River Estuary: Observations in the wet and dry seasons of 2016 [J]. Estuarine, Coastal and Shelf Science, 227: 106334.

ICHOKU C, CHOROWICZ J, 1994. A numerical approach to the analysis and classification of channel network patterns [J]. Water Resources Research, 30 (2): 161-174.

IKEDA S, PARKER G, SAWAI K, 1981. Bend theory of river meanders. Part 1. Linear development [J]. Journal of Fluid Mechanics, 112: 363-377.

IKEDA S, PARKER G, KIMURA Y, 1988. Stable width and depth of straight gravel rivers with heterogeneous bed materials [J]. Water Resources Research, 24 (5): 713-722.

ISTANBULLUOGLU E, BRAS R L, FLORES C H, et al., 2005. Implications of bank failures and fluvial erosion for gully development: Field observations and modeling. J. Geophys. Res., 110, F01014, doi: 10. 1029/2004JF000145.

JANG C, SHIMIZU Y, 2005. Numerical simulation of relatively wide, shallow channels with erodible banks [J]. Journal of Hydraulic Engineering, 131 (7): 565-575.

JARRETT J T, 1976. Tidal prism-inlet area relationships (Vol. 3) [M]. US Army Engineer Waterways Experiment Station.

JI F, LIU C, SHI Y, et al., 2019. Characteristics and parameters of bank collapse in coarse-grained-material reservoirs based on back analysis and long sequence monitoring [J]. Geomorphology, 333: 92-104.

JI F, SHI Y, ZHOU H, et al., 2017. Experimental research on the effect of slope morphology on bank collapse in mountain reservoir [J]. Natural Hazards, 86 (1): 165-181.

KARMAKER T, DUTTA S, 2013. Modeling seepage erosion and bank retreat in a composite river bank [J]. Journal of Hydrology, 476: 178-187.

KHATUN S, GHOSH A, SEN D, 2019. An experimental investigation on effect of drawdown rate and drawdown ratios on stability of cohesionless river bank and evaluation of factor of safety by total strength reduction method [J]. International Journal of River Basin Management, 17 (3): 289-299.

KIRWAN M L, MURRAY A B, 2007. A coupled geomorphic and ecological model of tidal marsh evolution [J]. Proceedings of the National Academy of Sciences, 104 (15): 6118-6122.

KIRWAN M L, MUDD S M, 2012. Response of salt-marsh carbon accumulation to climate change [J]. Nature, 489 (7417): 550.

KISS T, BLANKA V, ANDRÁSI G, et al., 2013. Extreme Weather and the Rivers of Hungary: Rates of Bank Retreat [M] //Loczy D. Geomorphological impacts of extreme weather. Springer Geography. Dordrecht, Springer.

KITANIDIS P K, KENNEDY J F, 1984. Secondary current and river-meander formation [J]. Journal of Fluid Mechanics, 144: 217-229.

KLAVON K, FOX G, GUERTAULT G, et al., 2017. Evaluating a process-based model for use in streambank stabilization: insights on the Bank Stability and Toe Erosion Model (BSTEM) [J]. Earth Surface Processes and Landforms, 42 (1): 191-213.

KLEINHANS M G, SCHUURMAN F, BAKX W, et al., 2009. Meandering channel dynamics in highly cohesive sediment on an intertidal mud flat in the Westerschelde estuary, the Netherlands [J]. Geomorphology, 105 (34): 261-276.

KRONE R B, 1962. Flume studies of the transport of sediment in estuarial shoaling processes, final report. Hydraul, Eng. Lab. and Sanit. Eng. Res. Lab., Univ. of Calif., Berkeley.

KRZEMINSKA D, KERKHOF T, SKAALSVEEN K, et al., 2019. Effect of riparian vegetation on stream bank stability in small agricultural catchments [J]. Catena, 172: 87-96.

LAGASSE P F, ZEVENBERGEN L W, SPITZ W J, et al., 2004. Methodology for predicting channel migration, Transportation Research Board of the National Academies.

LAI Y G, THOMAS R E, OZEREN Y, et al., 2015. Modeling of multilayer cohesive bank erosion with a coupled bank stability and mobile-bed model [J]. Geomorphology, 243: 116-129.

LANGENDOEN E J, 2000. Concepts: Conservational channel evolution and pollutant transport system, USDA-ARS Naitonal Sedimentation Laboratory.

LANGENDOEN E J, SIMON A, 2008. Modeling the Evolution of Incised Streams. Ⅱ: Streambank Erosion [J]. Journal of Hydraulic Engineering, 134 (7): 905-915.

LANGENDOEN E J, MENDOZA A, ABAD J D, et al., 2016. Improved numerical modeling of morphodynamics of rivers with steep banks [J]. Advances in Water Resources, 93: 4-14.

LANZONI S, SEMINARA G, 2006. On the nature of meander instability [J]. Journal of Geophysical Research: Earth Surface, 111 (F4).

LANZONI S, D'ALPAOS A, 2015. On funneling of tidal channels [J]. Journal of Geophysical Research: Earth Surface, 120 (3): 433-452.

LARSEN L G, HARVEY J W, CRIMALDI J P, 2007. A delicate balance: ecohydrological feedbacks governing landscape morphology in a lotic peatland [J]. Ecological Monographs, 77 (4): 591-614.

LAWLER D M, 1986. River bank erosion and the influence of frost: a statistical examination [J]. Transactions of the Institute of British Geographers, 227-242.

LEE D R, 1977. A device for measuring seepage flux in lakes and estuaries [J]. Limnology and Oceanography, 22 (1): 140-147.

LEENDERTSE J J, GRITTON E C, 1971. A water quality simulation model for well mixed estuaries and coastal seas: vol. Ⅱ, Computation Procedures. Report R-708-NYC.

LEOPOLD L B, COLLINS J N, COLLINS L M, 1993. Hydrology of some tidal channels in estuarine marshland near San Francisco [J]. Catena, 20 (5): 469-493.

LESSER G R, ROELVINK J A, VAN KESTER J A T M, et al., 2004. Development and validation of a three-dimensional morphological model [J]. Coastal Engineering, 51 (8-9): 883-915.

LI Z, ZHANG Y, ZHU Q, et al., 2015. Assessment of bank gully development and vegetation coverage on the Chinese Loess Plateau [J]. Geomorphology, 228: 462-469.

LINDOW N, FOX G A, EVANS R O, 2009. Seepage erosion in layered stream bank material [J]. Earth Surface Processes and Landforms, 12 (34): 1693-1701.

LOPEZ DUBON S, LANZONI S, 2019. Meandering Evolution and Width Variations: A Physics-Statistics-

Based Modeling Approach [J]. Water Resources Research, 55, 76-94.

MANA A, CLOUGH G, 1981. Predicition of movements for braced cuts in clay [J]. Journal of Geotechnical Engineering Division (107): 759-778.

MARANI M, LANZONI S, ZANDOLIN D, et al., 2002. Tidal meanders [J]. Water Resources Research, 38 (11): 1225.

MARIOTTI G, FAGHERAZZI S, 2013. Critical width of tidal flats triggers marsh collapse in the absence of sea-level rise [J]. Proceedings of the national Academy of Sciences, 110 (14): 5353-5356.

MARIOTTI G, KEARNEY W S, FAGHERAZZI S, 2016. Soil creep in salt marshes [J]. Geology, 44 (6): 459-462.

MARIOTTI G, KEARNEY W S, FAGHERAZZI S, 2019. Soil creep in a mesotidal salt marsh channel bank: Fast, seasonal, and water table mediated [J]. Geomorphology, 334: 126-137.

MARRON D C, 1992. Floodplain storage of mine tailings in the Belle Fourche river system: a sediment budget approach [J]. Earth Surface Processes and Landforms, 17 (7): 675-685.

MASON J, MOHRIG D, 2019. Differential bank migration and the maintenance of channel width in meandering river bends [J]. Geology, 47 (12): 1136-1140.

MASOODI A, MAJDZADEH T M R, NOORZAD A, et al., 2017. Effects of soil physico-chemical properties on stream bank erosion induced by seepage in northeastern Iran [J]. Hydrological sciences journal, 62 (16): 2597-2613.

MASOODI A, NOORZAD A, MAJDZADEH T M R, et al., 2018. Application of short-range photogrammetry for monitoring seepage erosion of riverbank by laboratory experiments [J]. Journal of Hydrology, 558: 380-391.

MASOODI A, MAJDZADEH T M R, NOORZAD A, et al., 2019. Riverbank Stability under the Influence of Soil Dispersion Phenomenon [J]. Journal of Hydrologic Engineering, 24 (3): 5019001.

MICHELI E R, KIRCHNER J W, 2002. Effects of wet meadow riparian vegetation on streambank erosion. 2. Measurements of vegetated bank strength and consequences for failure mechanics [J]. Earth Surface Processes and Landforms, 27 (7): 687-697.

MIDGLEY T L, FOX G A, HEEREN D M, 2012. Evaluation of the bank stability and toe erosion model (BSTEM) for predicting lateral retreat on composite streambanks [J]. Geomorphology, 145-146 (0): 107-114.

MIDGLEY T L, FOX G A, WILSON G V, et al., 2013. Seepage-induced streambank erosion and instability: in situ constant-head experiments [J]. Journal of Hydrologic Engineering, 18 (10): 1200-1210.

MONEGAGLIA F, TUBINO M, 2019. The hydraulic geometry of evolving meandering rivers [J]. Journal of Geophysical Research: Earth Surface, 124 (11): 2723-2748.

MOSSELMAN E, 1998. Morphological modelling of rivers with erodible banks [J]. Hydrological Processes, 12 (8): 1357-1370.

MOTTA D, LANGENDOEN E J, ABAD J D, et al., 2014. Modification of meander migration by bank failures, Journal of Geophysical Research: Earth Surface [J]. 119 (5): 1026-1042.

MURGATROYD A L, TERNAN J L, 1983. The impact of afforestation on stream bank erosion and channel form [J]. Earth Surface Processes and Landforms, 8 (4): 357-369.

NAGATA N, HOSODA T, MURAMOTO Y, 2000. Numerical analysis of river channel processes with bank erosion [J]. Journal of Hydraulic Engineering, 126 (4): 243-252.

NANSON G C, HICKIN E J, 1983. Channel migration and incision on the Beatton River [J]. Journal of Hydraulic Engineering, 109 (3): 327-337.

NANSON G C, VON KRUSENSTIERNA A, BRYANT E A, et al., 1994. Experimental measurements of river-bank erosion caused by boat-generated waves on the gordon river, Tasmania, Regulated Rivers: Research & Management, 9 (1): 1-14.

NARDI L, RINALDI M, SOLARI L, 2012. An experimental investigation on mass failures occurring in a riverbank composed of sandy gravel [J]. Geomorphology, 163: 56-69.

O'BRIEN M P, 1931. Estuary tidal prisms related to entrance areas, Civil Engineering.

ODGAARD A J, 1989. River-meander model. Ⅰ: Development [J]. Journal of Hydraulic Engineering, 115 (11): 1433-1450.

OKURA Y, KITAHARA H, OCHIAI H, et al., 2002. Landslide fluidization process by flume experiments [J]. Engineering Geology, 66 (1-2): 65-78.

OSMAN A M, THORNE C R, 1988. Riverbank stability analysis. Ⅰ: Theory [J]. Journal of Hydraulic Engineering, 114 (2): 134-150.

OTTEVANGER W, BLANCKAERT K, UIJTTEWAAL W S J, et al., 2013. Meander dynamics: A reduced-order nonlinear model without curvature restrictions for flow and bed morphology [J]. Journal of Geophysical Research: Earth Surface, 118 (2): 1118-1131.

PANNELL D J, 1997. Sensitivity analysis: strategies, methods, concepts, examples [J]. Agric Econ (16): 139-152.

PARKER G, 1978. Self-formed straight rivers with equilibrium banks and mobile bed. Part 2. The gravel river [J]. Journal of Fluid Mechanics, 89 (1): 127-146.

PARKER G, SHIMIZU Y, WILKERSON G V, et al., 2011. A new framework for modeling the migration of meandering rivers [J]. Earth Surface Processes and Landforms, 36 (1): 70-86.

PARTHENIADES E, 1965. Erosion and deposition of cohesive soils [J]. Journal of the Hydraulics Division, 91 (1): 105-139.

PATSINGHASANEE S, KIMURA I, SHIMIZU Y, et al., 2017. Coupled studies of fluvial erosion and cantilever failure for cohesive riverbanks: Case studies in the experimental flumes and U-Tapao River [J]. Journal of Hydro-Environment Research, 16 (Supplement C): 13-26.

PATSINGHASANEE S, KIMURA I, SHIMIZU Y, et al., 2018. Experiments and modelling of cantilever failures for cohesive riverbanks [J]. Journal of Hydraulic Research, 56 (1): 76-95.

PERILLO G M E, 2009. Tidal courses: classification, origin and functionality, Coastal Wetlands: An Integrated Ecosystem Approach [M]. Amsterdam: Elsevier, 185-209.

PERILLO G M E, WOLANSKI E, CAHOON D R, et al., 2018. Coastal wetlands: an integrated ecosystem approach [M]. Amsterdam: Elsevier.

PIÉGAY H, CUAZ M, JAVELLE E, et al., 1997. Bank erosion management based on geomorphological, ecological and economic criteria on the Galaure River, France [J]. Regulated Rivers: Research & Management, 13 (5): 433-448.

PIZZUTO J, O'NEAL M, STOTTS S, 2010. On the retreat of forested, cohesive riverbanks [J]. Geomorphology, 116 (3-4): 341-352.

PIZZUTO J E, 1984. Bank erodibility of shallowsandbed streams [J]. Earth Surface Processes and Landforms, 9 (2): 113-124.

PIZZUTO J E, MECKELNBURG T S, 1989. Evaluation of a linear bank erosion equation [J]. Water Resources Research, 25 (5): 1005-1013.

PIZZUTO J E, 1990. Numerical simulation of gravel river widening [J]. Water Resources Research, 26 (9): 1971-1980.

POESEN J W, VANDAELE K, VAN WESEMAEL B, 1996. Contribution of gully erosion to sediment production on cultivated lands and rangelands, IAHS Publications-Series of Proceedings and Reports-Intern Assoc Hydrological Sciences, 236: 251-266.

POLLEN BANKHEAD N, SIMON A, 2009. Enhanced application of root-reinforcement algorithms for bank-stability modeling [J]. Earth Surface Processes and Landforms, 34 (4): 471-480.

POLLEN-BANKHEAD N, SIMON A, 2010. Hydrologic and hydraulic effects of riparian root networks on streambank stability: Is mechanical root-reinforcement the whole story? [J] Geomorphology, 116 (3-4): 353-362.

QIN C, ZHENG F, WELLS R R, et al., 2018. A laboratory study of channel sidewall expansion in upland concentrated flows [J]. Soil and Tillage Research, 178: 22-31.

QUARESMA V D S, AMOS C L, BASTOS A C, 2007. The influence of articulated and disarticulated cockle shells on the erosion of a cohesive bed [J]. Journal of Coastal Research, 23 (6): 1443-1451.

RAHMATI O, TAHMASEBIPOUR N, HAGHIZADEH A, et al., 2017. Evaluation of different machine learning models for predicting and mapping the susceptibility of gully erosion [J]. Geomorphology, 298, 118-137.

RAJARAM G, ERBACH D C, 1999. Effect of wetting and drying on soil physical properties [J]. Journal of Terramechanics, 36 (1): 39-49.

RENEAU S L, DRAKOS P G, KATZMAN D, et al., 2004. Geomorphic controls on contaminant distribution along an ephemeral stream [J]. Earth Surface Processes and Landforms, 29 (10): 1209-1223.

RENGERS F K, TUCKER G E, 2014. Analysis and modeling of gully headcut dynamics, North American high plains [J]. Journal of Geophysical Research: Earth Surface, 119 (5): 983-1003.

RENGERS F K, TUCKER G E, 2015. The evolution of gully headcut morphology: a case study using terrestrial laser scanning and hydrological monitoring [J]. Earth Surface Processes and Landforms, 40 (10): 1304-1317.

RIEKE-ZAPP D H, NICHOLS M H, 2011. Headcut retreat in a semiarid watershed in the southwestern United States since 1935 [J]. Catena, 87 (1): 1-10.

RINALDI M, CASAGLI N, DAPPORTO S, et al., 2004. Monitoring and modelling of pore water pressure changes and riverbank stability during flow events [J]. Earth Surface Processes and Landforms, 29 (2): 237-254.

RINALDI M, DARBY S E, 2007. 9 Modelling river-bank-erosion processes and mass failure mechanisms: progress towards fully coupled simulations [J]. Developments in Earth Surface Processes, 11: 213-239.

RINALDI M, MENGONI B, LUPPI L, et al., 2008. Numerical simulation of hydrodynamics and bank erosion in a river bend [J]. Water Resources Research, 44, W09428, doi: 10.1029/2008WR007008.

RINALDI M, NARDI L, 2013. Modeling Interactions between Riverbank Hydrology and Mass Failures [J]. Journal of Hydrologic Engineering, 10 (18): 1231-1240.

ROELVINK J A, 2006. Coastal morphodynamic evolution techniques [J]. Coastal Engineering, 53 (2-3): 277-287.

ROY S, BARMAN K, DAS V K, et al., 2019. Experimental Investigation of Undercut Mechanisms of River Bank Erosion Based on 3D Turbulence Characteristics [J]. Environmental Processes, 7: 1-26.

RUTHERFURD I, 2000. Some human impacts on Australian stream channel morphology [J]. River Management: The Australasian Experience, 11-49.

SAMADI A, AMIRI-TOKALDANY E, DAVOUDI M H, et al., 2013. Experimental and numerical investigation of the stability of overhanging riverbanks [J]. Geomorphology, 184: 1-19.

SAMADI S, DAVOUDI M H, AMIRI-TOKALDANY E, 2011. Experimental study of cantilever failure in the upper part of cohesive riverbanks [J]. Research Journal of Environmental Sciences, 5 (5): 444.

SAMANI A N, AHMADI H, MOHAMMADI A, et al., 2010. Factors controlling gully advancement and models evaluation (Hableh Rood Basin, Iran) [J]. Water Resources Management, 24 (8): 1531-1549.

SCHUURMAN F, MARRA W A, KLEINHANS M G, 2013. Physics-based modeling of large braided sand-bed rivers: Bar pattern formation, dynamics, and sensitivity [J]. Journal of geophysical research: Earth Surface, 118 (4): 2509-2527.

SEGINER I, 1966. Gully development and sediment yield [J]. Journal of Hydrology, 4: 236-253.

SEMINARA G, ZOLEZZI G, TUBINO M, et al., 2001. Downstream and upstream influence in river meandering. Part 2. Planimetric development [J]. Journal of Fluid Mechanics, 438: 213.

SEMINARA G, 2006. Meanders [J]. Journal of Fluid Mechanics, 554: 271-297.

SHU A, DUAN G, RUBINATO M, et al., 2019. An Experimental Study on Mechanisms for Sediment Transformation Due to Riverbank Collapse [J]. Water, 11 (3): 529.

SIMON A, WOLFE W J, MOLINAS A, 1991. Mass wasting algorithms in an alluvial channel model//Proceedings of the 5th federal interagency sedimentation conference. Las Vegas, Nevada, 2: 22-29.

SIMON A, CURINI A, DARBY S E, et al., 2000. Bank and near-bank processes in an incised channel [J]. Geomorphology, 35 (34): 193-217.

SIMON A, COLLISON A J C, 2001. Pore-water pressure effects on the detachment of cohesive streambeds: seepage forces and matric suction [J]. Earth Surface Processes and Landforms, 26 (13): 1421-1442.

SIMON A, DARBY S, 2002a. Effectiveness of Grade-Control Structures in Reducing Erosion Along Incised River Channels: The Case ofHotophia Creek, Mississippi [J]. Geomorphology, 42: 229-254.

SIMON A, THOMAS R E, 2002b. Processes and forms of an unstable alluvial system with resistant, cohesive streambeds [J]. Earth Surface Processes and Landforms, 27 (7): 699-718.

SIMON A, COLLISON A J C, 2002c. Quantifying the mechanical and hydrologic effects of riparian vegetation on streambank stability [J]. Earth Surface Processes and Landforms, 27 (5): 527-546.

SOLARI L, SEMINARA G, LANZONI S, et al., 2002. Sand bars in tidal channels Part 2. Tidal meanders [J]. Journal of Fluid Mechanics, 451: 203-238.

SONG D, WANG X H, ZHU X, et al., 2013. Modeling studies of the far-field effects of tidal flat reclamation on tidal dynamics in the East China Seas [J]. Estuarine, Coastal and Shelf Science, 133: 147-160.

STECCA G, MEASURES R, HICKS D M, 2017. A framework for the analysis of noncohesive bank erosion algorithms in morphodynamic modeling [J]. Water Resources Research, 53 (8): 6663-6686.

STEIN O R, LATRAY D A, 2002. Experiments and modeling of head cut migration in stratified soils [J]. Water Resources Research, 38 (12): 20-21.

STELLING G S, WIERSMA A K, WILLEMSE J, 1986. Practical aspects of accurate tidal computations [J]. Journal of Hydraulic Engineering, 112 (9): 802-816.

SUNAMURA T, 1982. A wave tank experiment on the erosional mechanism at a cliff base [J]. Earth Surface Processes and Landforms, 7 (4): 333-343.

SYMONDS A M, COLLINS M B, 2007. The establishment and degeneration of a temporary creek system in response to managed coastal realignment: The Wash, UK [J]. Earth Surface Processes and Landforms, 32 (12): 1783-1796.

TERZAGHI K, 1951. Theoretical Soil Mechanics, Engineering Practice. New York: John Wiley and Sons, Inc.

THOMPSON C, AMOS C L, 2002. The impact of mobile disarticulated shells of Cerastoderma edulis on the abrasion of a cohesive substrate [J]. Estuaries, 25 (2): 204-214.

THORNE C R, TOVEY N K, 1981. Stability of composite river banks [J]. Earth Surface Processes and Landforms, 5 (6): 469-484.

THORNE C R, 1982. Processes and mechanisms of river bank erosion, Gravel-bed rivers, 227-271.

THORNE C R, ALONSO C, BORAH D, et al., 1998. River width adjustment. I: processes and mechanisms [J]. Journal of Hydraulic Engineering, ASCE, 124 (9): 881-902.

TURNER R E, 1990. Landscape development and coastal wetland losses in the northern Gulf of Mexico [J]. American Zoologist, 30 (1): 89-105.

VAN DE WIEL M J, 2003. Numerical modelling of channel adjustment in alluvial meandering rivers with riparian vegetation, edited, University of Southampton.

VAN DER WEGEN M, WANG Z B, SAVENIJE H H G, et al., 2008. Long-term morphodynamic evolution and energy dissipation in a coastal plain, tidal embayment [J]. Journal of Geophysical Research, 113, F03001, doi: 10.1029/2007JF000898.

VAN DER WEGEN, DASTGHEIB M A, ROELVINK J A, 2010. Morphodynamic modeling of tidal channel evolution in comparison to empirical PA relationship [J]. Coastal Engineering, 57 (9): 827-837.

VAN DIJK W M, LAGEWEG W I, KLEINHANS M G, 2012. Experimental meandering river with chute cutoffs [J]. Journal of Geophysical Research: Earth Surface, 117, F03023, doi: 10.1029/2011JF002314.

VAN DIJK W M, HIATT M R, VAN DER WERF J J, et al., 2019. Effects of Shoal Margin Collapses on the Morphodynamics of a Sandy Estuary [J]. Journal of Geophysical Research: Earth Surface, 124 (1): 195-215.

VAN EERDT M M, 1985. Salt marsh cliff stability in the Oosterschelde [J]. Earth Surface Processes and Landforms, 10 (2): 95-106.

VAN MAANEN B, COCO G, BRYAN K R, 2015. On the ecogeomorphological feedbacks that control tidal channel network evolution in a sandy mangrove setting [J]. Proceedings of the Royal society A: Mathematical, physical and engineering sciences, 471: 20150115.

VAN DEKERCKHOVE L, POESEN J, WIJDENES D O, et al., 2000. Characteristics and controlling factors of bank gullies in two semi-arid Mediterranean environments [J]. Geomorphology, 33 (1-2): 37-58.

VAN DEKERCKHOVE L, POESEN J, WIJDENES D O, et al., 2001a. Short-term bank gully retreat rates in Mediterranean environments [J]. Catena, 44 (2): 133-161.

VAN DEKERCKHOVE L, MUYS B, POESEN J, et al., 2001b. A method for dendrochronological assessment of medium-term gully erosion rates [J]. Catena, 45 (2): 123-161.

VAN DEKERCKHOVE L, POESEN J, GOVERS G, 2003. Medium-term gully headcut retreat rates in Southeast Spain determined from aerial photographs and ground measurements [J]. Catena, 50 (2-4): 329-352.

VARGAS LUNA A, DURÓ G, CROSATO A, et al., 2019. Morphological adaptation of river channels to vegetation establishment: a laboratory study [J]. Journal of Geophysical Research: Earth Surface, 124 (7): 1981-1995.

WELLS R R, BENNETT S J, ALONSO C V, 2009. Effect of soil texture, tailwater height, and pore-water pressure on themorphodynamics of migrating headcuts in upland concentrated flows [J]. Earth Surface Processes and Landforms, 34 (14): 1867-1877.

WELLS R R, MOMM H G, RIGBY J R, et al., 2013. An empirical investigation of gully widening rates in upland concentrated flows [J]. Catena, 101: 114-121.

WILLIAMS P B, ORR M K, GARRITY N J, 2002. Hydraulic geometry: a geomorphic design tool for tidal marsh channel evolution in wetland restoration projects [J]. Restoration Ecology, 10 (3): 577-590.

WILSON G V, PERIKETI R K, Fox G A, et al., 2006. Soil properties controlling seepage erosion contributions to streambank failure [J]. Earth Surface Processes and Landforms, 32 (3): 447-459.

WILSON G V, PERIKETI R K, FOX G A, 2007. Soil properties controlling seepage erosion contributions to streambank failure [J]. Earth Surface Processes and Landforms, 32 (3): 447-459.

WILSON G V, NIEBER J L, SIDLE R C, et al., 2013. Internal erosion during soil pipeflow: State of the science for experimental and numerical analysis [J]. Transactions of the ASABE, 56 (2): 465-478.

WOOD A L, SIMON A, DOWNS P W, et al., 2001. Bank-toe processes in incised channels: the role of apparent cohesion in the entrainment of failed bank materials [J]. Hydrological Processes, 15 (1): 39-61.

WOOD D M, 2014. Geotechnical modelling [M]. London: Taylor & Francis.

WU L Z, ZHOU Y, SUN P, et al., 2017. Laboratory characterization of rainfall-induced loess slope failure [J]. Catena, 150: 1-8.

WU T H, MCKINNELL Ⅲ W P, SWANSTON D N, 1979. Strength of tree roots and landslides on Prince of Wales Island, Alaska [J]. Canadian Geotechnical Journal, 16 (1): 19-33.

WYNN T M, MOSTAGHIMI S, 2006. Effects of riparian vegetation on stream bank subaerial processes in southwestern Virginia, USA [J]. Earth Surface Processes and Landforms, 31 (4): 399-413.

XIA J, ZONG Q, DENG S, et al., 2014. Seasonal variations in composite riverbank stability in the Lower Jingjiang Reach, China [J]. Journal of Hydrology, 519 (Part D): 3664-3673.

XIN P, YUAN L R, LI L, et al., 2011. Tidally driven multiscale pore water flow in a creek-marsh system [J]. Water Resources Research, 47 (7), W07534, doi: 10.1029/2010WR010110.

XIN P, KONG J, LI L, et al., 2013. Modelling of groundwater-vegetation interactions in a tidal marsh [J]. Advances in Water Resources, 57: 52-68.

XU F, COCO G, ZHOU Z, et al., 2017. A numerical study of equilibrium states in tidal networkmorphodynamics [J]. Ocean Dynamics, 12 (67): 1593-1607.

XU F, COCO G, TAO J, et al., 2019. On the morphodynamic equilibrium of a short tidal channel [J]. Journal of Geophysical Research: Earth Surface, 124 (2): 639-665.

YAO Z, TA W, JIA X, et al., 2011. Bank erosion and accretion along the Ningxia-Inner Mongolia reaches of the Yellow River from 1958 to 2008 [J]. Geomorphology, 127 (12): 99-106.

YU M, WEI H, WU S, 2015. Experimental study on the bank erosion and interaction with near-bank bed evolution due to fluvial hydraulic force [J]. International Journal of Sediment Research, 30 (1): 81-89.

ZECH Y, SOARES-FRAZÃO S, SPINEWINE B, et al., 2008. Dam-break induced sediment movement: Experimental approaches and numerical modelling [J]. Journal of Hydraulic Research, 46 (2): 176-190.

ZHANG Q, GONG Z, ZHANG C, et al., 2016. Velocity and sediment surge: what do we see at times of very shallow water on intertidal mudflats? [J]. Continental Shelf Research, 113: 10-20.

ZHANG Z, SHU A, ZHANG K, et al., 2019. Quantification of river bank erosion by RTK GPS monitoring: case studies along the Ningxia-Inner Mongolia reaches of the Yellow River, China [J]. Environmental Monitoring and Assessment, 191 (3): 140.

ZHAO K, GONG Z, XU F, 2019. The role of collapsed bank soil on tidal channel evolution: A process-based model involving bank collapse and sediment dynamics [J]. Water Resources Research, 55 (11): 9051-9071.

ZHAO K, GONG Z, ZHANG K, et al., 2020. Laboratory experiments of bank collapse: the role of bank height and near-bank water depth [J]. Journal of Geophysical Research: Earth Surface, 125 (5): e2019J-e5281J.

ZHOU Z, OLABARRIETA M, STEFANON L, et al., 2014. A comparative study of physical and numerical modeling of tidal network ontogeny [J]. Journal of Geophysical Research: Earth Surface, 119 (4): 892-912.

ZHOU Z, COCO G, VAN DER WEGEN M, et al., 2015. Modeling sorting dynamics of cohesive and non-cohesive sediments on intertidal flats under the effect of tides and wind waves [J]. Continental Shelf Research, 104: 76-91.

ZHOU Z, YE Q, COCO G, 2016a. A one-dimensionalbiomorphodynamic model of tidal flats: Sediment sorting, marsh distribution, and carbon accumulation under sea level rise [J]. Advances in Water Resources, 93: 288-302.

ZHOU Z, VAN DER WEGEN M, JAGERS B, et al., 2016b. Modelling the role of self-weight consolidation on the morphodynamics of accretional mudflats [J]. Environmental Modelling & Software, 76: 167-181.

ZOLEZZI G, SEMINARA G, 2001. Downstream and upstream influence in river meandering. Part 1. General theory and application to overdeepening [J]. Journal of Fluid Mechanics, 438 (13): 183-211.

ZOLEZZI G, LUCHI R, TUBINO M, 2012. Modeling morphodynamic processes in meandering rivers with spatial width variations [J]. Reviews of Geophysics, 50 RG4005, doi: 10. 1029/2012RG000392.

附录 A　模型代码

1. 边壁坍塌模块主程序

```
#include 'define. h'
#ifdef PRE_BANK_COLLAPSE
SUBROUTINE BANK_COLLAPSE_SIMULATION
USE TIME_DIN
#ifdef PRE_HYD
USE HYDRO
#endif

#ifdef PRE_AD
USE Morphodynamics
#endif

#ifdef PRE_BANK_EROSION
USE BANK_EROSION
USE DEF_EXCHANGE
#endif

#ifdef PRE_BANK_COLLAPSE
USE BANK_COLLAPSE
#endif

IMPLICIT NONE

INTEGER :: I, J, NUM_J

! SIMULATE BANK PROFILE
```

```
CALL MESH_DIVISION

DO I=1, NUMBER_BV
! WHETHER BANK EROSION HAPPENS
IF ( EXCHANGE1%FLOWEROSION_CHECK(I)= =1 ) CYCLE

! WHETHER EXCESS FLOW EROSION HAPPENS
IF ( EXCHANGE1%FLOW_EXCESS_JUDGE(I) .EQ. 1 ) THEN
CALL FLOWEROSION_FAILURE(I)
CYCLE
END IF

! WHETHER BANK EROSION HAPPENS
IF (BANK_H(I)<=BANK_COLLAPSE_LIMIT) CYCLE

! SIMULATE EXTERNAL FORCE
CALL BANK_EXTERNAL_FORCE(I, NUM_J)

! NO MESH IS REMOVED
IF (NUM_J <= 0 ) CYCLE

LOOP2:DO J=1, NUM_J

! CALCULATE STRESS CHANGES
CALL LINEAR_ELASTIC_STIFFNESS(I, NUM_J)

! FAILURE JUDGEMENT
IF ( EXCHANGE1%JUDGE_BANK(I) = = 1 ) EXIT LOOP2

END DO LOOP2

END DO

DO I =1, NUMBER_BV
! VARIATE EXCHANGE AND RESET
CALL COLLAPSE_EXCHANGES(I)
```

```
END DO

END SUBROUTINE BANK_COLLAPSE_SIMULATION
#endif
```

2. 刚度矩阵计算子程序

```
#include 'define. h'
#ifdef PRE_BANK_COLLAPSE
SUBROUTINE LINEAR_ELASTIC_STIFFNESS( NUMBER_I,NUMBER_J)

#ifdef PRE_BANK_EROSION
USE BANK_EROSION
USE DEF_EXCHANGE
#endif

#ifdef PRE_BANK_COLLAPSE
USE BANK_COLLAPSE
#endif
IMPLICIT NONE

INTERFACE
SUBROUTINE pardiso_sym_f90( N , NNZ , A , JA , IA , B , X )
IMPLICIT NONE
INTEGER , PARAMETER :: PSF=SELECTED_REAL_KIND(8)
INTEGER :: N , NNZ
REAL(PSF) , ALLOCATABLE , DIMENSION(:) :: A , B , X
INTEGER, ALLOCATABLE , DIMENSION(:) :: JA, IA
END SUBROUTINE pardiso_sym_f90
END INTERFACE

! 记录单元劲度矩阵在整体劲度矩阵的位置
REAL*8, ALLOCATABLE, DIMENSION(:,:)    :: NODE_ST
REAL*8, ALLOCATABLE, DIMENSION(:,:)    :: B         ! 应变矩阵
REAL*8, ALLOCATABLE, DIMENSION(:,:)    :: BT        ! 转置
REAL*8, ALLOCATABLE, DIMENSION(:,:)    :: D         ! 弹性矩阵
```

```
REAL*8, ALLOCATABLE, DIMENSION(:,:,:) :: H
REAL*8, ALLOCATABLE, DIMENSION(:,:,:) :: KE
REAL*8, ALLOCATABLE, DIMENSION(:,:)   :: KT
REAL*8, ALLOCATABLE, DIMENSION(:,:)   :: STRESS
REAL*8, ALLOCATABLE, DIMENSION(:)     :: A_LE      ! 一维数组存储非0值
REAL*8, ALLOCATABLE, DIMENSION(:)     :: F, WY    ! 节点力与位移
REAL*8, ALLOCATABLE, DIMENSION(:,:)   :: GRID , MESH ,EXP ORT
INTEGER, ALLOCATABLE, DIMENSION(:)    :: B_LE , C_LE ! 一维数值存储行列
INTEGER, ALLOCATABLE, DIMENSION(:)    :: TEMP_C
INTEGER, ALLOCATABLE, DIMENSION(:)    :: DIG_NUMBER
INTEGER                               :: N , NNZ , NUMBER_I , NUMBER_J
INTEGER                               :: I , J , K
REAL*8                                :: TEMP
CHARACTER*40                          :: FILENAME , FILENAME_PATH

! CHECK CHANGE OF ECTERNAL LOAD
IF (NUMBER_J . NE. -1) THEN

! 求单元、整体劲度矩阵
ALLOCATE( B(3,6) )
ALLOCATE( BT(6,3) )
ALLOCATE( D(3,3) )
ALLOCATE( NODE_ST(6,EXCHANGE1%ELEMENT) )
ALLOCATE( H(3,6,EXCHANGE1%ELEMENT) )
ALLOCATE( KE(6,6,EXCHANGE1%ELEMENT) )
ALLOCATE( KT(2*EXCHANGE1%NODE,2*EXCHANGE1%NODE) )
ALLOCATE( F(2*EXCHANGE1%NODE) )
ALLOCATE( WY(2*EXCHANGE1%NODE) )

        B       =0. D0
        BT      =0. D0
        NODE_ST=0. D0
        KT      =0. D0

! 求解每个单元弹性矩阵
DO I=1 , EXCHANGE1%ELEMENT
```

```
! 开挖单元以空气填充
IF ( EXCHANGE1%EXCHANGE_BANK_SIZE(NUMBER_I,I,11) .NE. 0 ) &
            &      BANKCOLLAPSE%MODULUS(NUMBER_I,I)= 0. D0

    D=0. D0

    D(1,1)= BANKCOLLAPSE%MODULUS(NUMBER_I,I)/(1. D0-BANKCOLLAPSE%MU * *2)
    D(2,2)= BANKCOLLAPSE%MODULUS(NUMBER_I,I)/(1. D0-BANKCOLLAPSE%MU * *2)
    D(1,2)= BANKCOLLAPSE%MODULUS(NUMBER_I,I)/(1. D0-BANKCOLLAPSE%MU * *
2) * BANKCOLLAPSE%MU
    D(2,1)= BANKCOLLAPSE%MODULUS(NUMBER_I,I)/(1. D0-BANKCOLLAPSE%MU * *
2) * BANKCOLLAPSE%MU
    D(3,3)= BANKCOLLAPSE%MODULUS(NUMBER_I,I)/(1. D0+BANKCOLLAPSE%MU) *
0. 5D0

    B=0. D0

    B(1,1)= EXCHANGE1%EXCHANGE_BANK_SIZE(NUMBER_I,I,7)-EXCHANGE1%EX-
CHANGE_BANK_SIZE(NUMBER_I,I,9)
    B(1,3)= EXCHANGE1%EXCHANGE_BANK_SIZE(NUMBER_I,I,9)-EXCHANGE1%EX-
CHANGE_BANK_SIZE(NUMBER_I,I,5)
    B(1,5)= EXCHANGE1%EXCHANGE_BANK_SIZE(NUMBER_I,I,5)-EXCHANGE1%EX-
CHANGE_BANK_SIZE(NUMBER_I,I,7)
    B(2,2)= EXCHANGE1%EXCHANGE_BANK_SIZE(NUMBER_I,I,8)-EXCHANGE1%EX-
CHANGE_BANK_SIZE(NUMBER_I,I,6)
    B(2,4)= EXCHANGE1%EXCHANGE_BANK_SIZE(NUMBER_I,I,4)-EXCHANGE1%EX-
CHANGE_BANK_SIZE(NUMBER_I,I,8)
    B(2,6)= EXCHANGE1%EXCHANGE_BANK_SIZE(NUMBER_I,I,6)-EXCHANGE1%EX-
CHANGE_BANK_SIZE(NUMBER_I,I,4)
    B(3,1)= EXCHANGE1%EXCHANGE_BANK_SIZE(NUMBER_I,I,8)-EXCHANGE1%EX-
CHANGE_BANK_SIZE(NUMBER_I,I,6)
    B(3,2)= EXCHANGE1%EXCHANGE_BANK_SIZE(NUMBER_I,I,7)-EXCHANGE1%EX-
CHANGE_BANK_SIZE(NUMBER_I,I,9)
    B(3,3)= EXCHANGE1%EXCHANGE_BANK_SIZE(NUMBER_I,I,4)-EXCHANGE1%EX-
CHANGE_BANK_SIZE(NUMBER_I,I,8)
    B(3,4)= EXCHANGE1%EXCHANGE_BANK_SIZE(NUMBER_I,I,9)-EXCHANGE1%EX-
```

```
CHANGE_BANK_SIZE(NUMBER_I,I,5)
        B(3,5)=EXCHANGE1%EXCHANGE_BANK_SIZE(NUMBER_I,I,6)-EXCHANGE1%EX-
CHANGE_BANK_SIZE(NUMBER_I,I,4)
        B(3,6)=EXCHANGE1%EXCHANGE_BANK_SIZE(NUMBER_I,I,5)-EXCHANGE1%EX-
CHANGE_BANK_SIZE(NUMBER_I,I,7)

        NODE_ST(1,I)=2.D0*EXCHANGE1%EXCHANGE_BANK_SIZE(NUMBER_I,I,1)-1
        NODE_ST(2,I)=2.D0*EXCHANGE1%EXCHANGE_BANK_SIZE(NUMBER_I,I,1)
        NODE_ST(3,I)=2.D0*EXCHANGE1%EXCHANGE_BANK_SIZE(NUMBER_I,I,2)-1
        NODE_ST(4,I)=2.D0*EXCHANGE1%EXCHANGE_BANK_SIZE(NUMBER_I,I,2)
        NODE_ST(5,I)=2.D0*EXCHANGE1%EXCHANGE_BANK_SIZE(NUMBER_I,I,3)-1
        NODE_ST(6,I)=2.D0*EXCHANGE1%EXCHANGE_BANK_SIZE(NUMBER_I,I,3)

        BT=TRANSPOSE(B)

    DO J=1 , 3
    DO K=1 , 6
        H(J,K,I)=D(J,1)*B(1,K)+D(J,2)*B(2,K)+D(J,3)*B(3,K)
    END DO
    END DO

    DO J=1 , 6
    DO K=1 , 6
        KE(J,K,I)=0.25D0*BANKCOLLAPSE%T_LE*(BT(J,1)*H(1,K,I)+BT(J,2)*H(2,
K,I)+BT(J,3)*H(3,K,I))/EXCHANGE1%EXCHANGE_BANK_SIZE(NUMBER_I,I,10)
    END DO
    END DO


    END DO

    DO I=1 , EXCHANGE1%ELEMENT
    DO J=1 , 6
    DO K=1 , 6
        KT(NODE_ST(J,I),NODE_ST(K,I))=KT(NODE_ST(J,I),NODE_ST(K,I))+KE(J,K,I)
    END DO
    END DO
```

```
END DO

DO I=1 , 2 * EXCHANGE1%NODE
IF (BANKCOLLAPSE%RESTRICTION(I)= =0) THEN
    BANKCOLLAPSE%F(NUMBER_I,I)= 0. D0
DO J=1 , 2 * EXCHANGE1%NODE
IF (I . NE. J) THEN
    KT(I,J)= 0. D0
    KT(J,I)= 0. D0
ELSE
    KT(I,J)= 1. D0
END IF
END DO
END IF
END DO

DO I=1, 2 * EXCHANGE1%NODE
IF (KT(I,I)= =0. D0) THEN
    BANKCOLLAPSE%F(NUMBER_I,I)= 0. D0
    KT(I,I)= 1. D0
END IF
END DO

! 以下为用一维数组存储大型稀疏矩阵
    K=0! 找出非 0 元素个数
DO I=1 , 2 * EXCHANGE1%NODE
DO J=I , 2 * EXCHANGE1%NODE
IF (KT(I,J) . NE. 0. D0) THEN
    K=K+1
END IF
END DO
END DO

ALLOCATE(A_LE(K),B_LE(K),TEMP_C(K),C_LE(2 * EXCHANGE1%NODE+1))
    NNZ=K
    A_LE    =0. D0
```

```
    B_LE    =0
    B_LE    =0
    TEMP_C    =0

    K=1
DO I=1 , 2 * EXCHANGE1%NODE  ! 找出非 0 元素
DO J=I , 2 * EXCHANGE1%NODE  ! 对称矩阵只需存储上三角矩阵
IF (KT(I,J) .NE. 0. D0) THEN
    A_LE(K)=KT(I,J)
    B_LE(K)=J
    TEMP_C(K)=I
    K=K+1
END IF
END DO
END DO

    K=2
    C_LE(1)=1
DO I=2 , NNZ
IF (TEMP_C(I-1) .NE. TEMP_C(I)) THEN
    C_LE(K)=I
    K=K+1
END IF
END DO
    C_LE(2 * EXCHANGE1%NODE+1)=NNZ+1

    N=2 * EXCHANGE1%NODE
DO I=1, 2 * EXCHANGE1%NODE
! WY(I)=0. D0
    F(I)= BANKCOLLAPSE%F(NUMBER_I,I)
END DO

! 矩阵求解
CALL pardiso_sym_f90( N , NNZ , A_LE , B_LE , C_LE , F , WY )

! 求各单元应力
```

```
DO I=1 , EXCHANGE1%ELEMENT

DO J=1 , 3
! 单位为 KPA
    BANKCOLLAPSE%TSTRESS(NUMBER_I,I,J) = BANKCOLLAPSE%TSTRESS(NUMBER_I,
I,J)  &
    &  +5.D-1 * H(J,1,I) * WY(EXCHANGE1%EXCHANGE_BANK_SIZE(NUMBER_I,I,1) *
2-1)/EXCHANGE1%EXCHANGE_BANK_SIZE(NUMBER_I,I,10)  &
    &  +5.D-1 * H(J,2,I) * WY(EXCHANGE1%EXCHANGE_BANK_SIZE(NUMBER_I,I,1) *
2)/EXCHANGE1%EXCHANGE_BANK_SIZE(NUMBER_I,I,10)  &
    &  +5.D-1 * H(J,3,I) * WY(EXCHANGE1%EXCHANGE_BANK_SIZE(NUMBER_I,I,2) *
2-1)/EXCHANGE1%EXCHANGE_BANK_SIZE(NUMBER_I,I,10)  &
    &  +5.D-1 * H(J,4,I) * WY(EXCHANGE1%EXCHANGE_BANK_SIZE(NUMBER_I,I,2) *
2)/EXCHANGE1%EXCHANGE_BANK_SIZE(NUMBER_I,I,10)  &
    &  +5.D-1 * H(J,5,I) * WY(EXCHANGE1%EXCHANGE_BANK_SIZE(NUMBER_I,I,3) *
2-1)/EXCHANGE1%EXCHANGE_BANK_SIZE(NUMBER_I,I,10)  &
    &  +5.D-1 * H(J,6,I) * WY(EXCHANGE1%EXCHANGE_BANK_SIZE(NUMBER_I,I,3) *
2)/EXCHANGE1%EXCHANGE_BANK_SIZE(NUMBER_I,I,10)
END DO

IF (ISNAN(BANKCOLLAPSE%TSTRESS(NUMBER_I,I,3))) THEN
WRITE(*,*)NUMBER_I,NUMBER_J , I
END IF

END DO

! 求各单元累积位移
DO I=1, 2 * EXCHANGE1%NODE
    BANKCOLLAPSE%WY(NUMBER_I,I)= BANKCOLLAPSE%WY(NUMBER_I,I) + WY(I)
END DO

! CHECK FAILURE
CALL FAILURE_CRITERION(NUMBER_I)

! NUMBER OF LOAD +1
EXCHANGE1%NUMBER_LOAD(NUMBER_I)= EXCHANGE1%NUMBER_LOAD(NUMBER_I)+1
```

```
IF ( ALLOCATED( B ) )          DEALLOCATE( B )
IF ( ALLOCATED( BT ) )         DEALLOCATE( BT )
IF ( ALLOCATED( D ) )          DEALLOCATE( D )
IF ( ALLOCATED( NODE_ST ) )    DEALLOCATE( NODE_ST )
IF ( ALLOCATED( KE ) )         DEALLOCATE( KE )
IF ( ALLOCATED( KT ) )         DEALLOCATE( KT )
IF ( ALLOCATED( TEMP_C ) )     DEALLOCATE( TEMP_C )
IF ( ALLOCATED( H ) )          DEALLOCATE( H )
IF ( ALLOCATED( WY ) )         DEALLOCATE( WY )
IF ( ALLOCATED( F ) )          DEALLOCATE( F )

END IF

RETURN

END SUBROUTINE LINEAR_ELASTIC_STIFFNESS
#endif
```

3. *x* 方向动量方程求解子程序

```
#include 'define. h'
SUBROUTINE CONTINUITY_MOMENTUM_X(PP1,PP2,HH1,HH2,QQ1,QQ2,T0,DXX,DYY,I1,
I2,IP,UPS,DWS)
USE FLAG_DEFI
USE OMP_LIB
USE HYDRO

implicit none
integer,parameter                         ::nnx=selected_real_kind(8)
real(nnx),dimension(:,:),pointer          ::pp1,pp2,qq1,qq2,hh1,hh2
real(nnx),dimension(:,:),pointer          :: dxx,dyy
real(nnx)                                 ::t0
integer                                   ::i1,i2,ip
logical                                   ::ups,dws,RE_CAL
```

```
real(nnx)                    :: fr , al
real(nnx)                    :: adve , advw
real(nnx)                    :: cadl , cadr , cdiffl , cdiffr
real(nnx)                    :: hn, hs, hr, hl, urr, url, ull, unn, uns, uss, VN, PN, VS, PS
real(nnx)                    :: resist , chezy, qav , hav , grv
real(nnx)                    :: diffx , diffy, eddy, EDDX, EDD, temp_u
real(nnx) , pointer          :: dx , dx2 , dy , dy2
integer                      :: ml , mu , nl , nu
integer                      :: i , j , k , jc , jjc , j0, k1, k2
real(nnx)                    :: gra
character(len=80)            ::err_msg
integer                      ::status

ml=lbound(pp1,2)
mu=ubound(pp1,2)
nl=lbound(pp1,1)
nu=ubound(pp1,1)
gra=9.8d0
dx=>dxx(1,1)
dy=>dyy(1,1)
edd=0.d0

! $OMP PARALLEL
! $OMP DO PRIVATE(I,J,JC,J0,grv,FR,AL,adve,advw,vn,vs,pn,ps,hn,hs,hr,hl,urr,url,ull,
unn,uns,uss,diffx,diffy,cadl,cadr,cdiffl,cdiffr,eddy,qav,hav,resist,RE_CAL)
loop1:do i= i1 , i2 , ip
100  CONTINUE
     RE_CAL=.FALSE.
! continuity equation
jc=-1
     loop2:do j= ml , mu , 1
jc=jc+2
if(ndd(i,j)==-1 .OR. ndd(i,j)== 1) then ! 陆地
! IF (HH1(I,J)<0.1) HH1(I,J)=0.1D0
     amt(I,1,jc)=0.d0
     amt(I,2,jc)=0.d0
```

```
        amt(I,3,jc)= 1. d0
        amt(I,4,jc)= 0. d0
        amt(I,5,jc)= 0. d0
        amt(I,6,jc)= hh1(i,j)
    cycle loop2
    end if
    if(ndd(i,j)= = 2) then ! upstream boundary for tide
        amt(I,1,jc)= 0. d0
        amt(I,2,jc)= 0. d0
        amt(I,3,jc)= 1. d0
        amt(I,4,jc)= 0. d0
        amt(I,5,jc)= 0. d0
        amt(I,6,jc)= hh2(i,j)
    cycle loop2
    end if
    if(ndd(i,j)= = 3) then ! upstream boundary for river
        amt(I,1,jc)= 0. d0
        amt(I,2,jc)= 0. d0
        amt(I,3,jc)= 1. d0
        amt(I,4,jc)= 0. d0
        amt(I,5,jc)= 0. d0
        amt(I,6,jc)= hh2(i,j)
    cycle loop2
    end if
    if(ndd(i,j)= = 4) then ! downstream boundary for river (constant water level)
        amt(I,1,jc)= 0. d0
        amt(I,2,jc)= 0. d0
        amt(I,3,jc)= 1. d0
        amt(I,4,jc)= 0. d0
        amt(I,5,jc)= 0. d0
        amt(I,6,jc)= hh2(i,j)
    cycle loop2
    end if

        amt(I,1,jc) = 0. d0
        amt(I,2,jc)= -dt * dy
```

```
      amt(I,3,jc)= +4. d0 * dx * dy
      amt(I,4,jc)= +dt * dy
      amt(I,5,jc)= +0. d0
      amt(I,6,jc)= +4. d0 * dx * dy * hh1(i,j) &
      &  -dt * dy * (pp1(i,j)-pp1(i,j-1)) &
      &  -dt * dx * (qq2(i,j)-qq2(i-1,j)+qq1(i,j)-qq1(i-1,j))
end do loop2

! momentum equation
jc=0
      loop3:do j=ml , mu , 1
jc=jc+2
! close boundary condition
if(ndd(i,j)= =-1 . OR. VDDX(I,J)= =-1) then
      amt(I,1,jc)= 0. d0
      amt(I,2,jc)= 0. d0
      amt(I,3,jc)= 1. d0
      amt(I,4,jc)= 0. d0
      amt(I,5,jc)= 0. d0
      amt(I,6,jc)= 0. d0
cycle loop3
end if
if(ndd(i,j+1)= =-1 ) then
      amt(I,1,jc)= 0. d0
      amt(I,2,jc)= 0. d0
      amt(I,3,jc)= 1. d0
      amt(I,4,jc)= 0. d0
      amt(I,5,jc)= 0. d0
      amt(I,6,jc)= 0. d0
cycle loop3
end if
! waterlevel boundary condition
if( ndd(i,j)= = 2 . or. ndd(i,j+1)= =2 ) then
grv=gra * 0. 5d0 * (hh1(i,j)+hh1(i,j+1))
      amt(I,1,jc)=  0. d0
      amt(I,2,jc)= -grv * dt * dy
```

```
        amt(I,3,jc)= dx * dy
        amt(I,4,jc) = grv * dt * dy
        amt(I,5,jc)= 0. d0
        amt(I,6,jc)= pp1(i,j) * dx * dy &
        &   +grv * dt * dy * (dep(i,j+1)-dep(i,j))
    cycle loop3
    end if
    if( ndd(i,j)= = 3 ) then
        amt(I,1,jc)= 0. d0
        amt(I,2,jc)= 0. D0
        amt(I,3,jc)= 1. D0
        amt(I,4,jc)= 0. D0
        amt(I,5,jc)= 0. d0
        amt(I,6,jc)= PP2(I,J)
    cycle loop3
    end if
    if( ndd(i,j+1)= = 4 ) then
    grv=gra * 0. 5d0 * (hh1(i,j)+hh1(i,j+1))
        t(I,1,jc)= 0. d0
        amt(I,2,jc)=-grv * dt * dy
        amt(I,3,jc)= dx * dy
        amt(I,4,jc) = grv * dt * dy
        amt(I,5,jc)= 0. d0
        amt(I,6,jc)= pp1(i,j) * dx * dy &
        &   +grv * dt * dy * (dep(i,j+1)-dep(i,j))
    cycle loop3
    end if

    ! froude number
    fr=dabs(pp1(i,j))/dsqrt(0. 125d0 * gra * (hh1(i,j)+hh1(i,j+1)) * * 3)
    fr=1. d0
    if(fr>=1. d0) then
         al=1. d0
    else if(fr<1. d0 . and. fr>0. 25d0) then
        al=(fr-0. 25d0) * 4. d0/3. d0
    else
```

```
    al=0. d0
  end if
  if( pp1(i,j)<0. d0) al=-al

  ! advection momentum
  ! write( * , * )i,j

  adve=0. 25d0 * ( ( 1. d0-al) * pp1(i,j+1)+( 1. d0+al) * pp1(i,j) )   &
        & /( ( 1. d0-dabs( al) ) * hh1(i,j+1)+dmax1( al,0. d0) * hh1(i,j)-dmin1( al,0. d0) * hh1(i,
j+2) )   !
  advw=0. 25d0 * ( ( 1d0-al) * pp1(i,j)+( 1d0+al) * pp1(i,j-1) ) &
        & /( ( 1. d0-dabs( al) ) * hh1(i,j)+dmax1( al,0. d0) * hh1(i,j-1)-dmin1( al,0. d0) * hh1(i,
j+1) )

  ! cross momentum and cross diffusion
  ! CALCULATE EDDY TERM BASED ON FLUX
  if( ndd(i+1,j)= =0 . and. ndd(i+1,j+1)= =0) then
  vn=2. d0 * ( qq2(i,j)+qq2(i,j+1) )/( hh1(i,j)+hh1(i+1,j)+hh1(i,j+1)+hh1(i+1,j+1) )
  pn=pp1(i+1,j)
  IF ( FLAG%HYDR%EDDY == 1) THEN
     UNN=2. D0 * PN/( HH1(I+1,J)+HH1(I+1,J+1) )
     HN=0. 25D0 * ( HH1(I,J)+HH1(I+1,J)+HH1(I,J+1)+HH1(I+1,J+1) )
  END IF
  else if( ndd(i+1,j)/=0 . and. ndd(i+1,j+1)= =0) then
  vn=2. d0 * ( qq2(i,j)+qq2(i,j+1) )/( hh1(i,j)+hh1(i,j)+hh1(i,j+1)+hh1(i+1,j+1) )
  pn=pp1(i,j)
  IF ( FLAG%HYDR%EDDY == 1) THEN
     UNN=2. D0 * PN/( HH1(I,J)+HH1(I,J+1) )
     HN=0. 25D0 * ( HH1(I,J)+HH1(I,J)+HH1(I,J+1)+HH1(I+1,J+1) )
  END IF
  else if( ndd(i+1,j)= =0 . and. ndd(i+1,j+1)/=0) then
  vn=2. d0 * ( qq2(i,j)+qq2(i,j+1) )/( hh1(i,j)+hh1(i+1,j)+hh1(i,j+1)+hh1(i,j+1) )
  pn=pp1(i,j)
  IF ( FLAG%HYDR%EDDY == 1) THEN
     UNN=2. D0 * PN/( HH1(I,J)+HH1(I,J+1) )
     HN=0. 25D0 * ( HH1(I,J)+HH1(I+1,J)+HH1(I,J+1)+HH1(I,J+1) )
```

```
END IF
else
vn=0.d0
pn=pp1(i,j)
IF ( FLAG%HYDR%EDDY == 1) THEN
    UNN=2.D0*PN/(HH1(I,J)+HH1(I,J+1))
    HN=0.25D0*(HH1(I,J)+HH1(I,J)+HH1(I,J+1)+HH1(I,J+1))
END IF
end if

if(ndd(i-1,j)==0 .and. ndd(i-1,j+1)==0) then
    vs=2.d0*(qq2(i-1,j)+qq2(i-1,j+1))/(hh1(i,j)+hh1(i-1,j)+hh1(i,j+1)+hh1(i-1,j+1))
ps=pp1(i-1,j)
IF ( FLAG%HYDR%EDDY == 1) THEN
    USS=2.D0*PS/(HH1(I-1,J)+HH1(I-1,J+1))
    HS=0.25D0*(HH1(I,J)+HH1(I-1,J)+HH1(I,J+1)+HH1(I-1,J+1))
END IF
else if(ndd(i-1,j)/=0 .and. ndd(i-1,j+1)==0) then
    vs=2.d0*(qq2(i-1,j)+qq2(i-1,j+1))/(hh1(i,j)+hh1(i,j)+hh1(i,j+1)+hh1(i-1,j+1))
ps=pp1(i,j)
IF ( FLAG%HYDR%EDDY == 1) THEN
    USS=2.D0*PS/(HH1(I,J)+HH1(I,J+1))
    HS=0.25D0*(HH1(I,J)+HH1(I,J)+HH1(I,J+1)+HH1(I-1,J+1))
END IF
else if(ndd(i-1,j)==0 .and. ndd(i-1,j+1)/=0) then
    vs=2.d0*(qq2(i-1,j)+qq2(i-1,j+1))/(hh1(i,j)+hh1(i-1,j)+hh1(i,j+1)+hh1(i,j+1))
ps=pp1(i,j)
IF ( FLAG%HYDR%EDDY == 1) THEN
    USS=2.D0*PS/(HH1(I,J)+HH1(I,J+1))
    HS=0.25D0*(HH1(I,J)+HH1(I-1,J)+HH1(I,J+1)+HH1(I,J+1))
END IF
else
    vs=0.d0
ps=pp1(i,j)
IF ( FLAG%HYDR%EDDY == 1) THEN
    USS=2.D0*PS/(HH1(I,J)+HH1(I,J+1))
```

```
    HS=0.25D0*(HH1(I,J)+HH1(I,J)+HH1(I,J+1)+HH1(I,J+1))
END IF
end if

diffy=0.125d0*dt*(vn+vs)**2+eddy_y

if(dws) then
if(abs(ndd(i+1,j))/=1 .and. abs(ndd(i+1,j+1))/=1) then
cadl=-0.5d0*vs
cdiffl=diffy

IF (FLAG%HYDR%PARA == 1) THEN
cadr=0.5d0*(vs*ps-vn*(pp1(i+1,j)+pp1(i,j)))
cdiffr=diffy*(pp1(i+1,j)-pp1(i,j)+ps)
ELSE
cadr=0.5d0*(vs*ps-vn*(pp2(i+1,j)+pp1(i,j)))
cdiffr=diffy*(pp2(i+1,j)-pp1(i,j)+ps)
END IF
else
cadl=0.5d0*(vn-vs)
cadr=0.5d0*(vs*ps-vn*pp1(i,j))
cdiffl=0.d0
cdiffr=diffy*(-pp1(i,j)+ps)
end if

else if(ups) then
if(abs(ndd(i-1,j))/=1 .and. abs(ndd(i-1,j+1))/=1) then
cadl=0.5d0*vn
cdiffl= diffy

IF (FLAG%HYDR%PARA == 1) THEN
cadr=0.5d0*(vs*(pp1(i-1,j)+pp1(i,j))-vn*pn)
cdiffr= diffy*(pn-pp1(i,j)+pp1(i-1,j))
ELSE
cadr=0.5d0*(vs*(pp2(i-1,j)+pp1(i,j))-vn*pn)
cdiffr= diffy*(pn-pp1(i,j)+pp2(i-1,j))
```

```
END IF
else
cadl=0.5d0*(vn-vs)
cadr=0.5d0*(-vn*pn+vs*pp1(i,j))
cdiffl= 0.d0
cdiffr= diffy*(pn-pp1(i,j))
end if
end if

! x-diffusion term
diffx=0.5d0*(2.d0*pp1(i,j)/(hh1(i,j+1)+hh1(i,j)))**2*dt+eddy_x

IF ( FLAG%HYDR%EDDY == 1) THEN
! CALCULATE EDDY TERM BASED ON VELOCITY
      URR=2.D0*PP1(I,J+1)/(HH1(I,J+1)+HH1(I,J+2))
      URL=2.D0*PP1(I,J  )/(HH1(I,J)+HH1(I,J+1))
      ULL=2.D0*PP1(I,J-1)/(HH1(I,J)+HH1(I,J-1))
      UNS=2.D0*PP1(I,J  )/(HH1(I,J)+HH1(I,J+1))
      EDDX= (HH1(I,J+1)*(URR-URL)-HH1(I,J)*(URL-ULL))/DX**2
      EDDY= (HN*(UNN-UNS)-HS*(UNS-USS))/DY**2
      EDD=DIFFX*EDDX + DIFFY*EDDY
!
cdiffl=0.d0
cdiffr=0.D0
diffx=0.D0
END IF

! gravity
grv=gra*0.5d0*(hh1(i,j)+hh1(i,j+1))

! resistance term
qav=0.125d0*(qq1(i,j)+qq1(i-1,j)+qq1(i,j+1)+qq1(i-1,j+1) &
     & +qq2(i,j)+qq2(i-1,j)+qq2(i,j+1)+qq2(i-1,j+1))
if(pp1(i,j)>=0.d0) then
hav=hh1(i,j)
else if(pp1(i,j)<0.d0) then
```

```
    hav=hh1(i,j+1)
    end if

    IF (FLAG%HYDR%FRCT == 1) THEN
        RESIST=GRA/CHE * * 2 * DSQRT(PP1(I,J) * * 2+QAV * * 2)/HAV * * 2. D0
    ELSE
        RESIST=GRA/MANNING * * 2 * DSQRT(PP1(I,J) * * 2+QAV * * 2)/HAV * * (7. D0/
3. D0)
    END IF

        amt(I,1,jc)= - (1. d0+al) * advw * dt * dy &
        & -diffx * dt * dy/dx

        amt(I,2,jc)= -grv * dt * dy

        amt(I,3,jc)= + dx * dy &
        & + ((1. d0+al) * adve-(1. d0-al) * advw) * dt * dy    &
          & +cadl * dt * dx    &
            & + resist * dt * dy * dx    &
              & + 2. d0 * diffx * dt * dy/dx    &
                & +cdiffl * dt * dx/dy

        amt(I,4,jc)= +grv * dt * dy

        amt(I,5,jc)= + (1d0-al) * adve * dt * dy    &
        & -diffx * dt * dy/dx

        amt(I,6,jc)= + dx * dy * pp1(i,j)    &
        & +cadr * dt * dx    &
          & +cdiffr * dt * dx/dy    &
            & +grv * dt * dy * (dep(i,j+1)-dep(i,j))    &
              & +edd * dt * dx * dy
     end do loop3

     jc=jc-1 ! 最后一行为连续性方程
```

```
call solve5(jc,I)

    j0=0
do j= 2 , jc , 2
    j0=j0 + 1
    pp2(i,j0)= amt(I,6,j)
IF (ABS(PP2(I,J0)) < 1.D-10) PP2(I,J0)= 0.D0
end do
    j0=0
do j= 1 , jc , 2
    j0=j0 + 1
    hh2(i,j0)= amt(I,6,j)
end do
! ----------------------------------------------------------------
DO J=N_START+1,N_END-1
IF (NDD(I,J)= =-1) CYCLE
IF (HH2(I,J)<0.0D0) THEN
    NDD(I,J)= 1
    VDDX(I,J)= -1
    VDDX(I,J-1)= -1
    VDDY(I,J)= -1
    VDDY(I-1,J)= -1
    RE_CAL=.TRUE.
END IF
END DO
IF (RE_CAL) GOTO 100
! ----------------------------------------------------------------
end do loop1
! $OMP END DO
! $OMP end PARALLEL

end subroutine CONTINUITY_MOMENTUM_X
```

附录 B 弹性力学基本概念

在外力作用下，结构内部会产生内力。为研究内力，Sadd (2009)假设存在横穿结构的截面(图 A-1a)。在该截面上，考虑具有单位法向矢量 $\boldsymbol{n}$ 的微小面积 ΔA。作用于 ΔA 的表面力被定义为 $\Delta \boldsymbol{F}$。应力矢量因此可被定义为

$$\boldsymbol{T}^{n}(x,\ n)=\lim_{\Delta A\to 0}\frac{\Delta \boldsymbol{F}}{\Delta A} \qquad (\text{A}-1)$$

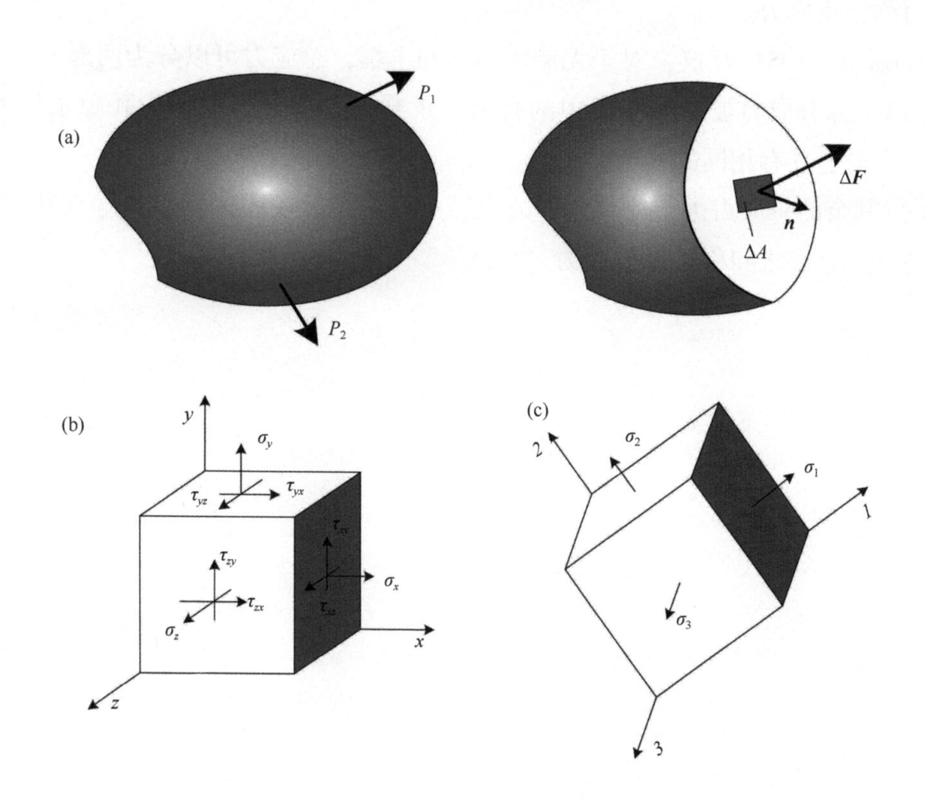

图 A-1　应力、应变分量示意

现在考虑一种特殊情况，如图 A-1b 所示，其中 ΔA 的 3 个坐标面将一个立方体分隔开。对于这种情况，每个面上的应力张量可以表示为

$$\begin{cases}\boldsymbol{T}^n(x,\ n=\boldsymbol{e}_1)=\boldsymbol{\sigma}_x\boldsymbol{e}_1+\boldsymbol{\tau}_{xy}\boldsymbol{e}_2+\boldsymbol{\tau}_{xz}\boldsymbol{e}_3\\ \boldsymbol{T}^n(x,\ n=\boldsymbol{e}_2)=\boldsymbol{\tau}_{yx}\boldsymbol{e}_1+\boldsymbol{\sigma}_y\boldsymbol{e}_2+\boldsymbol{\tau}_{yz}\boldsymbol{e}_3\\ \boldsymbol{T}^n(x,\ n=\boldsymbol{e}_3)=\boldsymbol{\tau}_{zx}\boldsymbol{e}_1+\boldsymbol{\tau}_{zy}\boldsymbol{e}_2+\boldsymbol{\sigma}_z\boldsymbol{e}_3\end{cases} \tag{A-2}$$

式中，$\boldsymbol{e}_1$，$\boldsymbol{e}_2$，$\boldsymbol{e}_3$为沿着各坐标方向的单位矢量，$\{\boldsymbol{\sigma}_x, \boldsymbol{\sigma}_y, \boldsymbol{\sigma}_z, \boldsymbol{\tau}_{xy}, \boldsymbol{\tau}_{yx}, \boldsymbol{\tau}_{yz}, \boldsymbol{\tau}_{zy}, \boldsymbol{\tau}_{zx}, \boldsymbol{\tau}_{xz}\}$为图 A-1b 所示的应力张量，这 9 个分量就是所谓的应力张量，其中$\boldsymbol{\sigma}_x$，$\boldsymbol{\sigma}_y$，$\boldsymbol{\sigma}_z$为法向应力，$\boldsymbol{\tau}_{xy}$，$\boldsymbol{\tau}_{yx}$，$\boldsymbol{\tau}_{yz}$，$\boldsymbol{\tau}_{zy}$，$\boldsymbol{\tau}_{zx}$，$\boldsymbol{\tau}_{xz}$为剪应力。应力矢量取决于空间位置和曲面的单位法向矢量。因此，即使研究同一点，应力矢量仍会根据表面法线方向而变化。由于应力是对称张量，因此可以通过主应力求解特征方程，从而确定主应力值和方向(图 A-1c)。对于主应力坐标系，所有的剪应力为 0，此时的法向应力称为主应力。

Terzaghi (1951)建议，对于无渗流的饱和土壤，总应力可以分为两部分：

(1)一部分应力被孔隙空间中的孔隙水承载。这部分力被称为孔隙水压力，在所有方向上具有相同的量值；

(2)其余的总应力由土体在它们的接触点处承担。在固体颗粒接触点处产生的力的垂直分量之和称为有效应力。

附录 C　岸壁侵蚀后退速率已发表数据

表 C-1　室内试验尺度数据

文献	E_l/(m·s^{-1})	H_b/m	H_w/m	w_c/m	U_l或U_s/(m·s^{-1})	w_t/m	H_b/H_w	r_l或r_s
Braudrick 等(2009)	2.72×10^{-6}	1.90×10^{-2}	1.90×10^{-2}	4.00×10^{-1}	1.70×10^{-1}	1.30×10^{-2}	1	5.00×10^{-7}
Van Dijk 等(2019)	1.24×10^{-5}	1.50×10^{-2}	1.50×10^{-2}	3.00×10^{-1}	2.20×10^{-1}	1.50×10^{-2}	1	2.80×10^{-6}
	1.54×10^{-5}	1.50×10^{-2}	1.50×10^{-2}	3.00×10^{-1}	2.20×10^{-1}	1.50×10^{-2}	1	3.50×10^{-6}
	1.81×10^{-5}	1.50×10^{-2}	1.50×10^{-2}	3.00×10^{-1}	2.20×10^{-1}	1.50×10^{-2}	1	4.10×10^{-6}
Wells 等(2013)	4.00×10^{-5}	4.00×10^{-2}	1.00×10^{-2}	1.00×10^{-1}	2.50×10^{-1}	4.00×10^{-2}	4	6.40×10^{-5}
	1.00×10^{-4}	4.00×10^{-2}	1.00×10^{-2}	1.00×10^{-1}	6.70×10^{-1}	4.00×10^{-2}	4	5.97×10^{-5}
	2.00×10^{-4}	4.00×10^{-2}	1.00×10^{-2}	1.00×10^{-1}	1.08	4.00×10^{-2}	4	7.41×10^{-5}
Patsinghasanee 等(2017)	1.20×10^{-4}	2.00×10^{-1}	5.00×10^{-2}	1.50×10^{-1}	5.33×10^{-1}	7.00×10^{-2}	4	1.05×10^{-4}
	1.88×10^{-4}	1.50×10^{-1}	3.00×10^{-2}	1.50×10^{-1}	5.33×10^{-1}	6.00×10^{-2}	5	1.41×10^{-4}
	8.46×10^{-5}	1.50×10^{-1}	5.00×10^{-2}	1.50×10^{-1}	5.33×10^{-1}	5.00×10^{-2}	3	5.29×10^{-5}
	1.25×10^{-4}	1.50×10^{-1}	6.00×10^{-2}	1.50×10^{-1}	6.44×10^{-1}	5.00×10^{-2}	2.5	6.49×10^{-5}
	8.41×10^{-5}	1.50×10^{-1}	6.00×10^{-2}	1.50×10^{-1}	7.11×10^{-1}	6.00×10^{-2}	2.5	4.73×10^{-5}
Shu 等(2019)	3.83×10^{-5}	2.00×10^{-1}	1.10×10^{-1}	5.50×10^{-1}	6.50×10^{-1}	5.00×10^{-2}	1.82	5.40×10^{-6}
	3.83×10^{-5}	2.00×10^{-1}	1.30×10^{-1}	5.50×10^{-1}	7.70×10^{-1}	5.00×10^{-2}	1.54	4.50×10^{-6}
Vargas Luna 等(2019)	6.63×10^{-6}	1.50×10^{-1}	1.10×10^{-1}	8.00×10^{-1}	3.50×10^{-1}	1.50×10^{-1}	1.36	3.60×10^{-6}
本书	1.14×10^{-4}	6.00×10^{-1}	3.00×10^{-1}	1.2	3.50×10^{-1}	1.00×10^{-1}	2	2.72×10^{-5}
	1.28×10^{-4}	6.00×10^{-1}	1.50×10^{-1}	1.20	3.50×10^{-1}	2.00×10^{-1}	4	6.11×10^{-5}
	5.05×10^{-5}	4.00×10^{-1}	1.50×10^{-1}	1.20	3.50×10^{-1}	1.00×10^{-1}	2.67	1.20×10^{-5}
	3.10×10^{-5}	2.00×10^{-1}	1.50×10^{-1}	1.20	3.50×10^{-1}	5.00×10^{-2}	1.33	3.70×10^{-6}
Qin 等(2018)	2.67×10^{-6}	4.00×10^{-2}	7.88×10^{-4}	4.10×10^{-2}	5.16×10^{-1}	1.20×10^{-2}	50.77	1.50×10^{-6}
	1.10×10^{-5}	4.00×10^{-2}	1.15×10^{-3}	4.00×10^{-2}	7.27×10^{-1}	1.30×10^{-2}	34.9	4.90×10^{-6}
	2.50×10^{-5}	4.00×10^{-2}	1.59×10^{-3}	4.10×10^{-2}	7.67×10^{-1}	1.50×10^{-2}	25.16	1.19×10^{-5}
	4.67×10^{-5}	4.00×10^{-2}	2.09×10^{-3}	4.00×10^{-2}	7.96×10^{-1}	1.50×10^{-2}	19.1	2.20×10^{-5}
	3.83×10^{-6}	4.00×10^{-2}	6.99×10^{-4}	4.00×10^{-2}	5.96×10^{-1}	1.30×10^{-2}	57.22	2.10×10^{-6}
	1.15×10^{-5}	4.00×10^{-2}	1.09×10^{-3}	4.10×10^{-2}	7.48×10^{-1}	1.30×10^{-2}	36.8	4.90×10^{-6}
	3.00×10^{-5}	4.00×10^{-2}	1.62×10^{-3}	3.90×10^{-2}	7.92×10^{-1}	1.50×10^{-2}	24.71	1.46×10^{-5}
	5.17×10^{-5}	4.00×10^{-2}	1.97×10^{-3}	4.10×10^{-2}	8.27×10^{-1}	1.40×10^{-2}	20.34	2.13×10^{-5}

续表

文献	E_l/(m·s^{-1})	H_b/m	H_w/m	w_c/m	U_l或U_s/(m·s^{-1})	w_t/m	H_b/H_w	r_l或r_s
	2.67×10^{-6}	4.00×10^{-2}	4.00×10^{-4}	8.00×10^{-2}	5.21×10^{-1}	1.20×10^{-2}	100.03	8.00×10^{-7}
	9.33×10^{-6}	4.00×10^{-2}	6.11×10^{-4}	8.10×10^{-2}	6.74×10^{-1}	1.20×10^{-2}	65.51	2.10×10^{-6}
	2.33×10^{-5}	4.00×10^{-2}	8.25×10^{-4}	8.00×10^{-2}	7.58×10^{-1}	1.50×10^{-2}	48.51	5.80×10^{-6}
	4.33×10^{-5}	4.00×10^{-2}	1.07×10^{-3}	8.00×10^{-2}	7.76×10^{-1}	1.50×10^{-2}	37.25	1.05×10^{-5}
Fox 等(2006)	1.96×10^{-4}	9.00×10^{-1}	1.00×10^{-1}		4.98×10^{-3}		9	3.94×10^{-2}
	2.16×10^{-4}	9.00×10^{-1}	1.00×10^{-1}		8.85×10^{-3}		9	2.44×10^{-2}
	4.17×10^{-4}	9.00×10^{-1}	1.00×10^{-1}		1.27×10^{-2}		9	3.28×10^{-2}
	4.47×10^{-5}	6.00×10^{-1}	1.00×10^{-1}		8.85×10^{-3}		6	5.05×10^{-3}
Chu-Agor 等(2008)	1.51×10^{-5}	2.50×10^{-1}	1.00×10^{-1}		1.08×10^{-2}		2.5	1.40×10^{-3}
	1.08×10^{-5}	2.50×10^{-1}	1.00×10^{-1}		1.08×10^{-2}		2.5	9.97×10^{-4}
	8.20×10^{-6}	2.50×10^{-1}	1.00×10^{-1}		1.72×10^{-2}		2.5	4.76×10^{-4}
	8.44×10^{-6}	2.50×10^{-1}	1.00×10^{-1}		1.72×10^{-2}		2.5	4.90×10^{-4}
	1.99×10^{-5}	2.50×10^{-1}	1.00×10^{-1}		2.37×10^{-2}		2.5	8.38×10^{-4}
	3.30×10^{-5}	2.50×10^{-1}	1.00×10^{-1}		2.37×10^{-2}		2.5	1.39×10^{-3}
Lindow 等(2009)	2.78×10^{-6}	3.40×10^{-1}	1.00×10^{-1}		5.37×10^{-3}		3.4	5.17×10^{-4}
Karmaker 等(2013)	1.20×10^{-4}	9.00×10^{-1}	1.70×10^{-1}		1.34×10^{-2}		5.29	8.98×10^{-3}
	1.45×10^{-4}	9.00×10^{-1}	1.70×10^{-1}		1.14×10^{-2}		5.29	1.27×10^{-2}
	1.84×10^{-4}	9.00×10^{-1}	1.70×10^{-1}		8.85×10^{-3}		5.29	2.08×10^{-2}
	1.47×10^{-4}	9.00×10^{-1}	1.70×10^{-1}		7.56×10^{-3}		5.29	1.94×10^{-2}
	9.79×10^{-5}	9.00×10^{-1}	1.70×10^{-1}		6.27×10^{-3}		5.29	1.56×10^{-2}

表 C-2　现场尺度数据

文献	E/(m·s^{-1})	Q_l/(m·s^{-1})	H_{ub}/m	D_{50}/mm	B/m	S	$Q\times S\times D_{50}/H_b$	(E/B)/s^{-1}
Murgatroyd 等(1983)	2.38×10^{-8}	1.80×10^{-1}	1.00	1.20	3.65	1.60×10^{-2}	3.46×10^{-6}	6.52×10^{-9}
Gardiner (1983)	3.31×10^{-9}	7.86	1.00	5.00×10^{-2}	1.32×10^{1}	2.00×10^{-3}	7.86×10^{-7}	2.51×10^{-10}
	2.95×10^{-9}	7.86	1.50	5.00×10^{-2}	1.96×10^{1}	2.00×10^{-3}	5.24×10^{-7}	1.51×10^{-10}
	2.17×10^{-9}	7.86	1.00	5.00×10^{-2}	1.45×10^{1}	2.00×10^{-3}	7.86×10^{-7}	1.50×10^{-10}
Pizzuto 等(1984)	9.00×10^{-10}	1.11×10^{1}	2.80	2.00×10^{-2}	4.20×10^{1}	1.00×10^{-3}	7.93×10^{-8}	2.14×10^{-11}
	1.80×10^{-9}	1.11×10^{1}	2.60	2.00×10^{-2}	4.20×10^{1}	1.00×10^{-3}	8.54×10^{-8}	4.29×10^{-11}
	9.10×10^{-9}	1.11×10^{1}	2.90	2.00×10^{-2}	4.20×10^{1}	1.00×10^{-3}	7.66×10^{-8}	2.17×10^{-10}
	1.72×10^{-8}	1.11×10^{1}	2.70	2.00×10^{-2}	4.20×10^{1}	1.00×10^{-3}	8.22×10^{-8}	4.10×10^{-10}
	7.60×10^{-9}	1.11×10^{1}	2.70	2.00×10^{-2}	4.20×10^{1}	1.00×10^{-3}	8.22×10^{-8}	1.81×10^{-10}

续表

文献	E/(m·s^{-1})	Q_l/(m·s^{-1})	H_{ub}/m	D_{50}/mm	B/m	S	$Q \times S \times D_{50}$/H_b	(E/B)/s^{-1}
	7.70×10^{-9}	1.11×10^{1}	2.60	2.00×10^{-2}	4.20×10^{1}	1.00×10^{-3}	8.54×10^{-8}	1.83×10^{-10}
	5.80×10^{-9}	1.11×10^{1}	2.60	2.00×10^{-2}	4.20×10^{1}	1.00×10^{-3}	8.54×10^{-8}	1.38×10^{-10}
	7.40×10^{-9}	1.11×10^{1}	2.70	2.00×10^{-2}	4.20×10^{1}	1.00×10^{-3}	8.22×10^{-8}	1.76×10^{-10}
	2.90×10^{-9}	1.11×10^{1}	2.40	2.00×10^{-2}	4.20×10^{1}	1.00×10^{-3}	9.25×10^{-8}	6.90×10^{-11}
Casagli 等(1999)	7.05×10^{-9}	1.57×10^{1}	3.00	9.00×10^{-2}	6.40×10^{1}	3.00×10^{-3}	1.41×10^{-6}	1.10×10^{-10}
Simon 等(2000)	6.19×10^{-8}	1.20×10^{1}	2.50	5.00×10^{-2}	3.12×10^{1}	3.50×10^{-3}	8.40×10^{-7}	1.99×10^{-9}
De Rose 等(2011)	1.93×10^{-7}	2.09×10^{1}	3.57	2.00×10^{-2}	6.42×10^{1}	4.50×10^{-3}	5.28×10^{-7}	3.01×10^{-9}
	1.08×10^{-7}	3.47×10^{1}	2.91	2.00×10^{-2}	9.68×10^{1}	3.50×10^{-3}	8.35×10^{-7}	1.11×10^{-9}
Kiss 等(2013)	2.22×10^{-7}	2.70×10^{1}	2.50	6.50×10^{-2}	5.00×10^{1}	4.74×10^{-4}	3.33×10^{-7}	4.44×10^{-9}
	3.28×10^{-8}	2.70×10^{1}	9.00	6.50×10^{-2}	5.20×10^{1}	4.74×10^{-4}	9.24×10^{-8}	6.30×10^{-10}
	5.60×10^{-8}	2.70×10^{1}	2.50	6.50×10^{-2}	6.00×10^{1}	4.74×10^{-4}	3.33×10^{-7}	9.34×10^{-10}
Duan 等(2005)	1.00×10^{-6}	3.94×10^{2}	1.90	3.30×10^{-2}	5.09×10^{2}	1.70×10^{-4}	1.16×10^{-6}	1.97×10^{-9}
	9.83×10^{-7}	3.94×10^{2}	2.10	3.50×10^{-2}	5.09×10^{2}	1.70×10^{-4}	1.12×10^{-6}	1.93×10^{-9}
	1.27×10^{-6}	3.94×10^{2}	2.30	3.20×10^{-2}	5.09×10^{2}	1.70×10^{-4}	9.32×10^{-7}	2.49×10^{-9}
	1.16×10^{-6}	3.94×10^{2}	1.70	3.70×10^{-2}	5.09×10^{2}	1.70×10^{-4}	1.46×10^{-6}	2.27×10^{-9}
	1.22×10^{-6}	3.94×10^{2}	1.60	3.00×10^{-2}	5.09×10^{2}	1.70×10^{-4}	1.26×10^{-6}	2.40×10^{-9}
	1.31×10^{-6}	4.48×10^{2}	1.90	3.30×10^{-2}	4.62×10^{2}	1.70×10^{-4}	1.32×10^{-6}	2.83×10^{-9}
	1.20×10^{-6}	4.48×10^{2}	2.10	3.50×10^{-2}	4.62×10^{2}	1.70×10^{-4}	1.27×10^{-6}	2.60×10^{-9}
	1.33×10^{-6}	4.48×10^{2}	2.30	3.20×10^{-2}	4.62×10^{2}	1.70×10^{-4}	1.06×10^{-6}	2.87×10^{-9}
	1.69×10^{-6}	4.48×10^{2}	1.70	3.70×10^{-2}	4.62×10^{2}	1.70×10^{-4}	1.66×10^{-6}	3.66×10^{-9}
	1.54×10^{-6}	4.48×10^{2}	1.60	3.00×10^{-2}	4.62×10^{2}	1.70×10^{-4}	1.43×10^{-6}	3.34×10^{-9}
	1.35×10^{-6}	6.73×10^{2}	1.90	3.30×10^{-2}	4.20×10^{2}	1.70×10^{-4}	1.99×10^{-6}	3.22×10^{-9}
	1.31×10^{-6}	6.73×10^{2}	2.10	3.50×10^{-2}	4.20×10^{2}	1.70×10^{-4}	1.91×10^{-6}	3.11×10^{-9}
	1.75×10^{-6}	6.73×10^{2}	2.30	3.20×10^{-2}	4.20×10^{2}	1.70×10^{-4}	1.59×10^{-6}	4.17×10^{-9}
	1.59×10^{-6}	6.73×10^{2}	1.70	3.70×10^{-2}	4.20×10^{2}	1.70×10^{-4}	2.49×10^{-6}	3.80×10^{-9}
	1.67×10^{-6}	6.73×10^{2}	1.60	3.00×10^{-2}	4.20×10^{2}	1.70×10^{-4}	2.14×10^{-6}	3.98×10^{-9}
	2.78×10^{-6}	8.17×10^{2}	1.90	3.30×10^{-2}	4.11×10^{2}	1.70×10^{-4}	2.41×10^{-6}	6.76×10^{-9}
	2.40×10^{-6}	8.17×10^{2}	2.10	3.50×10^{-2}	4.11×10^{2}	1.70×10^{-4}	2.32×10^{-6}	5.83×10^{-9}
	1.82×10^{-6}	8.17×10^{2}	2.30	3.20×10^{-2}	4.11×10^{2}	1.70×10^{-4}	1.93×10^{-6}	4.42×10^{-9}
	3.97×10^{-6}	8.17×10^{2}	1.70	3.70×10^{-2}	4.11×10^{2}	1.70×10^{-4}	3.02×10^{-6}	9.65×10^{-9}
	2.40×10^{-6}	8.17×10^{2}	1.60	3.00×10^{-2}	4.11×10^{2}	1.70×10^{-4}	2.61×10^{-6}	5.83×10^{-9}
	1.28×10^{-6}	5.05×10^{2}	1.90	3.30×10^{-2}	4.71×10^{2}	1.70×10^{-4}	1.49×10^{-6}	2.71×10^{-9}
	1.21×10^{-6}	5.05×10^{2}	2.10	3.50×10^{-2}	4.71×10^{2}	1.70×10^{-4}	1.43×10^{-6}	2.57×10^{-9}
	1.47×10^{-6}	5.05×10^{2}	2.30	3.20×10^{-2}	4.71×10^{2}	1.70×10^{-4}	1.20×10^{-6}	3.13×10^{-9}

续表

文献	E/(m·s^{-1})	Q_l/(m·s^{-1})	H_{ub}/m	D_{50}/mm	B/m	S	$Q\times S\times D_{50}/H_b$	(E/B)/s^{-1}
	1.57×10^{-6}	5.05×10^{2}	1.70	3.70×10^{-2}	4.71×10^{2}	1.70×10^{-4}	1.87×10^{-6}	3.32×10^{-9}
	1.50×10^{-6}	5.05×10^{2}	1.60	3.00×10^{-2}	4.71×10^{2}	1.70×10^{-4}	1.61×10^{-6}	3.19×10^{-9}
Duró 等(2019)	2.06×10^{-7}	2.50×10^{2}	3.70	7.00×10^{-2}	1.20×10^{2}	1.50×10^{-4}	7.09×10^{-7}	1.72×10^{-9}
	1.71×10^{-7}	2.50×10^{2}	3.70	7.00×10^{-2}	1.20×10^{2}	1.50×10^{-4}	7.09×10^{-7}	1.42×10^{-9}
	1.47×10^{-7}	2.50×10^{2}	3.70	7.00×10^{-2}	1.20×10^{2}	1.50×10^{-4}	7.09×10^{-7}	1.22×10^{-9}
	1.72×10^{-7}	2.50×10^{2}	3.70	7.00×10^{-2}	1.20×10^{2}	1.50×10^{-4}	7.09×10^{-7}	1.43×10^{-9}
	2.44×10^{-7}	2.50×10^{2}	3.70	7.00×10^{-2}	1.20×10^{2}	1.50×10^{-4}	7.09×10^{-7}	2.04×10^{-9}
	1.93×10^{-7}	2.50×10^{2}	3.70	7.00×10^{-2}	1.20×10^{2}	1.50×10^{-4}	7.09×10^{-7}	1.61×10^{-9}
Deng 等(2018)	7.01×10^{-7}	9.69×10^{3}	2.50	2.00×10^{-3}	9.48×10^{2}	5.00×10^{-5}	3.87×10^{-7}	7.39×10^{-10}
	7.57×10^{-7}	9.69×10^{3}	2.50	2.00×10^{-3}	1.19×10^{3}	5.00×10^{-5}	3.87×10^{-7}	6.38×10^{-10}
	7.12×10^{-7}	9.69×10^{3}	2.50	2.00×10^{-3}	1.18×10^{3}	5.00×10^{-5}	3.87×10^{-7}	6.04×10^{-10}
	7.45×10^{-7}	9.69×10^{3}	2.50	2.00×10^{-3}	1.08×10^{3}	5.00×10^{-5}	3.87×10^{-7}	6.93×10^{-10}
Zhang 等(2019)	1.92×10^{-7}	8.00×10^{2}	2.00	5.00×10^{-2}	2.50×10^{2}	1.03×10^{-4}	2.06×10^{-6}	7.67×10^{-10}